天下文化

BELIEVE IN READING

工作生活 036A

願故事力與你同在

MAY THE STORY BE WITH YOU

盧建彰 Kurt Lu —— 著

推薦序

吃太多故事會死嗎？

作家　黃崇凱

我們可能被迫吃下太多故事了。小說家 E. M. Forster 在他那本《小說面面觀》為「故事」和「情節」下了極其簡明的定義：「故事」指的是事件發生的先後時序；「情節」則指向包括因果關係的事件發展。他舉例，「國王死了，然後王后也死了。」是故事；「國王死了，王后也因悲傷過度而死。」則是情節。在這個國王、王后和悲傷都很氾濫的時代，無時無刻都有故事發生，但我們時常無法穿透故事的後台，以意義和秩序將散亂無章的故事碎片串接起來變成情節。

這是專屬於我們的時代處境：爆量的故事渣滓（美其名為資訊）化身成各種各樣的利箭，不停打斷我們的目光、思緒和睡眠，再不停將我們傳遞到下一個轉運站，無休無止。

我們毫無節制地吞食故事和數不盡的渣，消化不良。世上有著太多壞故事走來走去，也不是隨便哪個人都能生產營養的好故事。故事在大量消費下容易過老過熟或添加人工化合物，人們既渴望新鮮有梗也要有機無毒。然而在故事吞吐量巨大的廣告業混跡十多年、一身實戰經驗的 Kurt 卻奇怪地維持正常蠕動，沒什麼消化不良的問題。

每回我們碰面打屁哈啦，歡笑之餘我常不禁納悶，這整欉好好的傢伙有認真工作嗎？會不會其實他根本是個騙子，什麼做廣告、拍片、教書、看書、寫書、跑步、伺候老婆女兒之類的全都是唬爛？但每隔一段時間，看到他產出新作品，又相信他說的都是真的——他到底哪來美國時間一一做好所有事？

我試著歸納與他本人的相處經驗和本書透露的訊息：嗯，他其實比較認真生活而不是工作。他不把工作當工作，而是模糊工作的界線，讓生活變成一個開放的超大容器，攪和雜亂隨機的人事物，搖一搖，就能篩出把工作盡快做好的點子。我想他一定偷偷信奉著村上龍的名言「我不喜歡工作，所以都趕快做好出去玩。」正因為要保留大多時間去玩，就得把必要工作執行得有效率又精準。他在書裡舉了好些工作實例，讀者可一步步拆解他怎樣發想、面對客戶的態度、修正調整和反思的整個工序。其中最精采也最值得一提的是他如何製作二〇一四年台北市長選舉候選人柯文哲的競選廣告（讓我們先把政治立場擺一旁吧）。

所以可別誤以為Kurt滿口故事經，他的奧義乃是：我們不需要過多不必要且沒營養的故事，只需要一個切中要旨的核心故事。他在書裡講述的，其實是鍛鍊「故事核心肌群」的眉角，把一個故事進一步淬鍊成情節，讓接收者自己去想「為什麼」和「後來呢」。那個故事自然會逐漸發酵、膨脹，慢慢長出每個人不同版本的氣味和樣子。在這個故事教人消化不良的時代，Kurt的書或許就是一帖整腸健胃的必備良藥。

作者序

當你難過，記得有人為你禱告 當你快樂，記得有人為你禱告

這是我寫過最難寫的序，儘管我已經寫過三本書。

這書花了一年時間，經歷北捷殺人、復興空難、高雄氣爆、黑心油、復興空難（再次）、夜店殺警、割喉案、八仙塵爆，每一件都讓說故事的我，難以想像，更難以承受，更讓此刻的我換了幾枝鋼筆，依舊不知如何下筆。

擔憂、恐懼、憤怒、安慰、遺忘、擔憂、恐懼、憤怒、安慰、遺忘……快速迴圈般的發生，好似我們這小小的地方，就非得出那麼多的大事，而且一直來一直來。

但這，會不會也是種祝福？

祝福我們比其他地方的人們更堅強，更勇敢，更願意自省，或者更明白自己需要別人的幫助和禱告？

我這樣相信著。

我也經歷了懷孕待產（我妻啦）、現場看NBA、完成柯P影片、母親病危到出院、抱著新生的女兒盧願給五分鐘後就會忘記但頻頻說好可愛的母親看，每一件都讓說故事的我，難以忘懷，更難以只是言謝。

沒有一件事是我可以獨力面對的，每一件都得經歷別人的祝福，經歷別人的幫助，才能順利的不順利的度過，才能有心裡的平安，也讓我得到許多奇妙的故事，能在某個奇妙的時刻，還給這世界一點點奇妙。

你說提這做什麼？這和故事力有什麼關係？

這裡頭不就有好幾個品牌嗎？這些品牌不也都想講出可以幫助銷售、提升品牌好感度的故事嗎？而他們又創造出了多少真實的故事？

我們在這世界裡也正經歷多少刻骨銘心的故事？某些故事可以成為我們創意的養分，而某些故事的結局，我們更可以參與，甚至改寫。

你覺得呢？

或許你原本只是想知道如何說好故事，但也許，活出好的故事，在你自己的故事裡有個樣子，你就能夠說出好故事來。因為你珍惜身邊的人，在乎發生的每件事，並願意插手在每個還在進行的故事裡，光因為這樣，好故事就會來找你。

我爸跟我說，你大概不會成為一個有錢的人，但你至少可以試著成為一個讓人懷念的人。

在這世界裡，我們那麼渺小，又那麼無力，不過沒關係，因為太陽一樣會升起，我們一樣有自己的問題要面對，一樣有困難得解決，一樣有遺憾得撫平。但我們也一樣可以帶著盼望，一樣相信在我們裡面的可以比世界更大。

故事是說給人聽的，故事也是人說的，也許，你得先成為一個人，像樣的人。當然，故事是為了讓人活得更好，懂得歡笑懂得悲傷懂得憐憫懂得自在，而在故事和故事之間，我們禱告，願故事力與你同在，願有人願與你同在，願你愛的和愛你的與你同在。

當你難過，記得有人為你禱告。

當你快樂，記得有人為你禱告。

感謝主，
感謝祖安，
讓我盧願。

「記得有人為你禱告」
陳意涵篇

張鈞甯篇

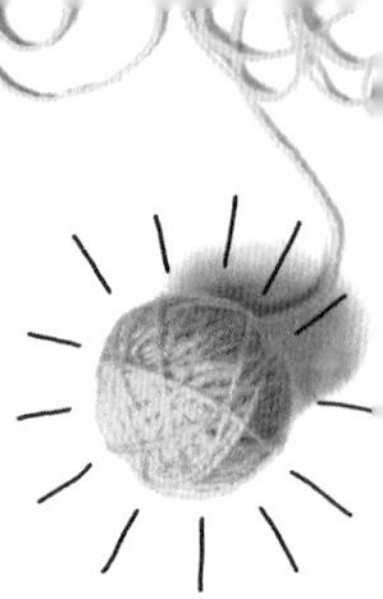

願故事力與你同在

contents

一

幹嘛說故事？

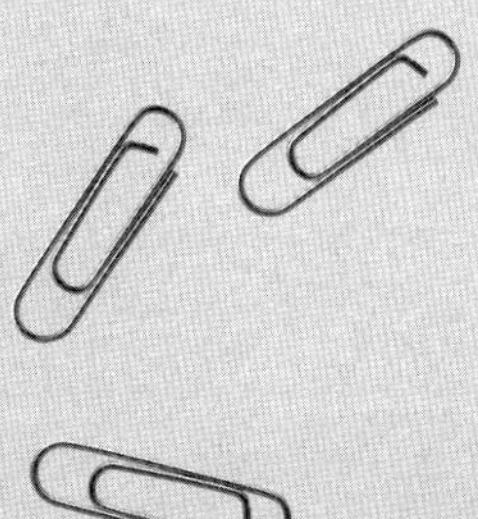

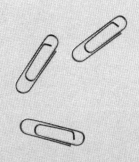

1

你當然是個小號手

就跟吹小號一樣，在廣大無垠的世界中，
要靠自己微小薄弱的力量，試著爭一口氣。
而那口氣，是為了換氣，為了活下去。
活下去也是為了那一口氣，為了把那口氣帶給下一代，
用自己的身體含住那口氣，把生命的氣息帶給新的生命，
希望留下些什麼。

你會吹小號嗎？

如果不會就太好了。因為我可以亂講。

小號這樂器，在交響樂團裡的編制很特別，它的體積相對來得小，比起定音鼓、豎琴、大提琴都小很多，但音色嘹亮突出，穿透力很強，只要樂曲裡有小號，就算眾多樂器同時發聲，你一定不會錯過。

如果你跟我一樣，出生在台灣，或者在台灣生活，也許是經過主動的選擇，也可能沒得選擇，那我恭喜你，你一定是個小號手。

你當然是個小號手

怎麼說呢？我一直覺得小號跟台灣很像，小小的，沒什麼資源，只能倚靠自己，卻又在這世界裡發出驚人的聲音，奮力地擁有一席之地。

就跟吹小號一樣，你一定理解我說的，在廣大無垠的世界中，要靠自己微小薄弱的力量，試著爭一口氣。而那口氣，是為了換氣，為了活下去。當然也有很多時候，活下去也是為了那一口氣，為了把那口氣帶給下一代，用自己的身體含住那口氣，把生命的氣息帶給新的生命，希望留下些什麼。

當然也不僅止於在台灣。在這世代，每個人都能成為小號手，在生命裡拚搏著，使勁力氣，發出聲響樂音。面對時代把小小的自己擺在巨大的世界對面，對抗、影響、改變，或者純粹只是，不想被改變。

給世界 Wake up call

如果你當過兵，一定也知道，一天是從小號開始。

不是上廁所的小號（好啦，我知道不好笑，嗚～～），夏季的五點半、冬季的六點，起床號就會響起，每個人就得從舒服溫暖的被窩裡起床，面對嚴酷的班長吶喊和捍衛世界的挑戰（或者你也可以說是「汗味世界」的挑戰）。

而我們也是一樣的。一個做行銷傳播相關工作的人，一個創造新商品的人，一個從事創作的人，甚至一個擁有不同思想概念的人都是，我們都是小號手。當我們有不同的觀點，當我們看見世界上某些人值得更好的對待，值得更好的物品服務，值得不一樣的生活環境，或許正在原本的狀態，正在某種程度上執迷不醒的他們，就值得我們提供 wake up call，我們就該喚醒他們。

這並不意味我們比較高明，只是因為我們比較幸運，比其他人早知道某些事，而把新消息分享給別人，好讓別人更好。讓世界更好，是我們的責任，是我們先知者的義務，所以我們當然是小號手。

當你意識到世界似乎在混沌裡，當你在一個奇妙的時刻被來自宇宙某處的光照射到，你就和之前的自己不同了，你已變身為小號手，因此你有必要思考如何影響別人。你要發出美好樂音引人一探究竟，否則你就對不起那靈光一閃的自己，和那還有機會但還沒有翻轉的整個世界。你是小號手，你要給世界 wake up call。

你要吹奏進行曲

當軍隊前進的時候，面對的是漫長的路途，看不見的目的地，疲累的腳步，不確定方向但確定只想抱怨的心情。抱怨天氣、抱怨環境、抱怨乳酸、抱怨為什麼不可以抱怨，唯一想抵達的地方是原地。你想放棄，你的夥伴也想放棄，你們就像左腳和右腳，只要有一方停下，就一定會停下。這時小號手不能閒著，他要為部隊吹奏進行曲，好鼓勵大家在疲倦的時候，繼續依著腳步穩定前進，因為部隊一停下就會潰不成軍，再也難以前進。

如果你沒當過兵、沒行過軍，沒關係，你跑步的時候就知道我在說什麼。我每次跑步都只想止步，我並不覺得累，只覺得不想跑。你從來不是因為不想進步而失敗，你更不是因為不害怕退步而停步，你是因為不想前進而只想留在原地。你跟你的夥伴都需要鼓勵，而且你是最需要的那個。這時你需要小號手來為你們吹進行曲，而且最理想的小號手就是你自己，因為你最清楚自己的軟弱在哪裡。

當我們尋求改變，在創建任何新計畫時，難免也有不確定的時候，你和你的團隊就像行軍一樣。更可怕的是比行軍還不清楚方向，沒有地圖沒有指南針，你們擁有的只是直覺和膽量，而愈往前走這兩樣愈少。尤其當改變愈激烈，轉換的角度愈大，眼前的迷霧就會愈濃厚，團隊愈容易沮喪，愈容易想放棄，恍惚間你都能聽見你的左腳在說話，它說「停下吧，這比較容易。」

這時你就得成為小號手，激勵你的團隊前進，朝著你們的目標大步邁進，像摩西一樣鼓勵族人出埃及，讓他們願意並堅定朝未知的方向前進。當然有時候，那也可能是一個嶄新的世界，只是必須走過難纏的道路，這時你當然得成為小號手，努力且堅定的 Encourage people。

當然，如果你跟我一樣，作為一個領導人，最會領導別人的卻是放棄，最厲害的強項叫軟弱，意志總是不堅定，做每件事時常常困惑懷疑，不確定這方向到底對不對，能不能帶我們去想去的地方。那麼放心好了，當你在當小號手激勵別人時，最被激勵的是你自己，至少第一個被激勵的一定是你自己，你更要做好一個小號手，好給自己一首激昂的進行曲。

說故事就跟吹小號一樣，要換氣

說起來，說故事和吹小號一樣，不單是要有那顆想發聲的心，更要有發聲技巧。一般來說，管樂器就是藉著呼吸把原屬於世界的空氣帶到體內，再用我們的嘴法，透過樂器，形成聲波擴散，重新回到世界，成為打動人的樂音。就像我們在這世上汲取養料，吸取生命的經歷，經過整理，把它轉化成故事給說出來，反過來影響世界。

吹小號的人都會告訴你，換氣很重要，幾乎跟人類呼吸一樣重要，不換氣你吹不出聲音。你要在段落和段落之間，抓住空檔，大口打開每顆肺泡，把空氣中的氧氣吸進捉入。換氣意味帶來新的氣息，帶給生命新的契機，帶給僵局新的轉化，帶給崩壞的事物重新疊合的機會，不換氣你講不出故事來。換一口氣，大聲把聲音放出來，你要把故事說出來，讓原本龐雜苦痛的腦筋有重新思索的機會，創造者跟造物主有一點點相似，吹口氣就活了。

說故事就跟吹小號一樣，要有口吻

一如吹奏小號，你需要的故事都在世界裡。你要大方汲取，有進也有出。出的時候就如吹小號時強調的嘴法，你提供故事的角度口吻，應該要有樂理與邏輯，避免出傻力又走音，更忌諱冰冷僵硬或漏風，也怕和世界不同調，曲高和寡孤芳自賞，自顧自地吹呀吹，人家只當你唱高調，眼淚一顆也沒掉，笑聲更是從頭到尾靜悄悄，那就可惜了。

你的口吻決定故事的溫度，你講的話語不該是機器語音，只是錄下訊息。放心好了，人們心中的溫度計比醫療級、精準度到小數點以下兩位數的電子溫度計還敏感，有沒有意思，人們一聽就知道，反應更是現實得不得了。音樂會時大家還會勉強給你虛應故事的掌聲，偶爾還有一、兩句喊錯的 bravo。到了真實世界，人們對於無感的故事，反應只會是無感，連討論都不會，更沒有責怪，只有穿透般的看過去，了無痕跡，行銷預算就被這樣算了。

你用什麼語氣說話，你用什麼人的角度說話，你是誰，你與對象是站在相對的位置還是同樣的立場，你說給什麼人聽，他願意聽什麼不願意聽什麼，他怎麼聽什麼時候聽，可能都得考慮進去，你才能決定你的口吻怎樣恰當。你要講什麼你要怎麼講，你不需要講什麼人們就會聯想到什麼，和這世界的心跳脈動合不合拍，都是我們要小心判斷然後大膽執行的。一旦擬定了策略決定了方向，就要揚聲大氣，一股腦兒地衝出去，我們互相學習，從故事的開始到結束，試著用你的口氣給世界一口氣。

搭滴答嘟

「搭滴答嘟」，小時候老師會這麼教我們，即使手中沒有樂器，但仍可以舉著手吹，嘴型變換假裝吹出樂曲。長大後工作的關係，認識了些世界奧運級運動選手才知道，這叫作「心靈模擬」，在實際操作前，想像整場完整的比賽。連麥可．喬丹都會在重大比賽前先在腦海裡想像每個運球出手，並想像出最後比賽的完美結果。

所以，讓我先來當個小號手，激勵彼此。有機會當小號手，不要客氣；有機會當小號手，不要失誤；有機會當小號手，更不可以喪氣。

我相信我只是個小號手，但我們也許有機會一起成為好的小號手，而且你一定可以比我更棒，吸一口大氣讓小號發出聲音，衝進大氣層，用奇妙的故事創造奇妙的樂音，改變人們的心，讓世界更有個樣子。

2

人生剩不到 22K

經過十多年，

相較於當年的老闆們，

可以給毫無資歷的大學新鮮人28K，

現在的老闆們卻只能給大學畢業生22K的薪水，

那麼，是誰的競爭力降低了？

在談「說故事」之前，我們先來談我們是什麼，及我們想跟誰說故事。答案可能很明顯，我們是人。接下來，你可能會在這本書中發現許多看來白痴的問題，但拜託你，既然都花時間翻了，不如就勉強被我當一次白痴，多少思考一下這些看似白痴但其實可以解決很多難題的白痴問題。

既然我們要與人對話，我們應該來討論人是什麼，人在意什麼。人並不會一直存在，人會消失。但我們比較在意的，反而是那些看似具體但其實冰冷無法打動人心的東西。

為了避免大家以為我要談的是大學一年級虛幻無比、不明就裡的「哲學概論」，不妨讓我來談個最現實的議題。

「不要怕 22 K，要怕沒有競爭力」？

現在很多企業老闆都會這樣勉勵年輕人，尤其是新鮮人。我相信老闆們的出發點都是一片好意，但是幾次有機會在會議中遇到這些企業負責人，也就是老闆們時，都會善意地提醒他們，盡量不要用這種言論來鼓勵年輕人。

為什麼？

你先想看看。

好，你想過了，才換我講。

這本書基本上都會延續這樣的節奏，就是我提出一個觀點，請你先停下來思考看看，因為我們被時代快節奏的多工，訓練成每件事都以反射狀態光速回應。久而久之，我們就只有脊髓神經反應動作快，大腦閒置沒用到，真正重要的議題無力思考，沒有創意緩步失智。

22K的鎖喉扼殺力

現在許多年輕人對職場卻步，害怕自己賺不到生活所需的費用，覺得22K是個可怕的數字，他們無法以這樣的薪資在城市裡生活（也確實如此，行政院主計處的資料顯示在台北都會區的月生活費需25K），因此在學校裡便急著打工賺錢，恐慌困惑是學子臉上的表情。

我感到詫異且難受。大學應該是個自在生活學習的殿堂，人民更有免於恐懼的自由。我想起自己大學那四年真的是由你玩四年，快活得不得了，讀了很多跟課堂考試沒什麼關係但我想看的書，曬了很多太陽，每天都在運動，談了幾個戀愛（這就別提了……）。家境並不寬裕的我，並不常感受到金錢的壓力和魔力，倒是爸爸有魔力以月薪三萬五拉拔大我和妹妹讀完大學的同時，還照顧了有失智症的媽媽。除了媽媽進出醫院手術，我多數時候都是開心快樂的，對未來不確定，但充滿期待，想要趕快長大，做自己想做的事，雖然搞不太清楚自己想做什麼事，但沒有恐懼。

我們不太考慮延畢，因為知道在學校裡除非要走學術路線，否則夢想不會是從學校開始。更何況大學延畢在當時也不大會對學術研究有益，我們不怕離開學校，因為覺得外面雖然可能辛苦，但應該相對有趣，至少比起教授點名不容易預期。薪資或許不高但應該可以活命，大概不會被鎂光燈追逐，但能夠自己追逐光明。

現在，我在大學教書，看著課堂裡的每個年輕人，他們的焦慮是具體且集體的。你可以嗅聞得到他們的恐懼，他們害怕擔憂，不想面對三、四年後的職場生活，把讀研究所當作逃避的途徑，把延畢當作必須，把自己看成畢業即失業，怕得要命，卻又不知如何是好，彷彿只能一輩子歹命。

22 K這簡單的幾個數字，似乎輕易扼殺了年輕人的笑容，更掐上他們的咽喉，讓他們無法大口呼吸，更不敢放肆如我們，呼喊出什麼夢想的話語，就算只是夢話。

廣告業的浮游生物案例

以前是這樣的嗎？我們來回憶一下，以我自己的職業生涯為例。二〇〇〇年我剛加入職場成為勞動人口的一員時，進入的是薪資結構十分陡峭的廣告業，若以薪資為Y軸、職位為X軸，那金字塔的形狀是非常尖的。也就是說，作為一個底層的文案人員，我的薪水相對於最上層的創意總監，有好幾倍的距離，大概類似在加德滿都的市集拿望遠鏡仰望聖母峰主峰頂之類的（嗯好吧，我本來要說我是從馬裡亞納海溝往上看，但怕你們說我太誇張就算了）。

作為一個最初階的從業人員，我必須從文案，經過幾年專業訓練磨練，緩緩升到資深文案。過幾年，累積一定的作品與得獎數，成為文案指導，在長期付出極高體力，與謝謝爸媽送的腦袋還可以，並在極度幸運、接近中樂透的狀態下做出幾個精采的案子，才有機會成為副創意總監。

然後，接著要有上帝守護光照，並在同事認同、老闆下賭注、客戶溺愛及消費者買單的狀況下，才有機會從蹲了十多年的牛棚，升上大聯盟，成為創意總監。直到那時，可能有個還不錯的薪水，可以付得起房租能夠照顧家人，給我爸媽買點什麼吃的用的，給自己買點原來T袖以外的衣服，像是其他T袖（因為在當完兵可以自己決定衣服後，我就決定再也不想把衣服塞進褲子裡）；買些除了書本以外的東西，像是更新的書或更舊的書；買些運動鞋以外的鞋子，比方說更輕的慢跑鞋（說來無趣，但運動和看書是我唯一的興趣）。

而在當創意總監之前，我常開玩笑說，以我剛入行的狀態，那麼渺小無意義，在這廣告業的生態系裡，相當於海洋中的浮游生物，也就是生態系最底層的底層，連蝦米都稱不上，漂來浮去被洋流帶著不知道會流到哪裡。

另外，廣告業給新鮮人的薪資相較於其他行業，又低上許多，當然這跟廣告業高度仰賴實務經驗和案例累積有關。一個剛從學校畢業的新鮮人，委實就是白紙，也跟白紙一般只能影印（模仿是我們唯一的專長，也是學習途徑），無法對公司和客戶起到太多作用，需要公司許多教育訓練的投入和專業資源挹注培養。換言之，身為新鮮人的我帶給公司的，可能還沒有公司帶給我的來的多，自然新鮮人的薪資無法如其他立即可上手的產業給得大方。

因此作為一個大學企管系的畢業生，我的同學一半到金融業，另一半到科技產業，我是當年全班唯一一個進入傳播業的。多數同學起薪都比我高，而我這樣廣告業裡最底層的一個浮游生物，在二○○○年，作為一個新鮮人，你猜我的薪資是多少？

兩萬八，也就是現在說的28 K。

重點來了，經過十多年，相較於當年的老闆們，可以給毫無資歷的大學新鮮人28K，現在的老闆們卻只能給大學畢業生22K的薪水，那麼，是誰的競爭力降低了？

當然是老闆們呀。

我的看法是，新鮮人們本來就沒有競爭力，因為他們剛從學校出來，剛進入職場，沒有太多經驗和實務，他們的專業還無法藉由工作累積，所以在現實的環境裡競爭力不高是事實。但這事實可能從十五年前到現在，並沒有太大變化，換言之，這個變數的差異不大。

真正產生差異的是老闆們的競爭力。

不管是經濟環境的改變，還是景氣的不振，這些外在因素的變遷，總之，過去十五年前可以創造利益的因素不再，老闆們的競爭能力沒有與時俱進，在現代商業世界裡明顯地削弱，無力面對新局，無法找到新的商機，無力創造利潤，只好尋求cost down，降低人力成本，只能給新鮮人更低的薪資，這也是事實。

我們當然應該要一起來思考是不是我們大家做生意的方式要改變了？會不會我們的思考得從更根本的產業定義開始？從「代工業思考」轉換成「創造業思考」？我們有很多需要努力的，也需要互相來勉勵的，但是，我想最不需要的是，假裝。

假裝年輕人不夠好，假裝自己還願意提供機會，但其實連自己的機會在哪裡都不太知道；假裝自己是好意；假裝22 K的薪資很合理，彷彿經過精算，其實那數字只是金融風暴那年，政府拿我們的稅來替企業支付新鮮人的薪資數字，而可憐的年輕人對自己所領的數字還不明就裡；假裝告訴年輕人「不要怕22 K，要怕沒有競爭力」，其實是想掩飾我們的不夠強壯，掩飾我們的不知如何是好？

也許，我們該真心面對我們的不真心，也許我們應該一起來想產業對策，也許，我們就是得真心承認抱歉。

廣告業與大部分可立即上手的行業不同，得依賴許多實務累積，從做中學，才可能漸漸成為獨當一面的廣告人。

因為領22K的不是你的對手，是你的孩子。

因為用老招的你再也騙不到消費者，他們也沒什麼好給你騙的了。

因為所有故事都該是真心的，不真心的故事沒人要聽。

真正該擔心的22K

不過比起薪資的22K，人生還有更值得擔心的22K。

你要不要猜猜是什麼？

你人生還有幾天？

每次我問大家這問題，大家總是說不知道，不要談這個啦。但可能因為我收過不少張家人的病危通知單，覺得這問題比起薪水高低更值得想一想，畢竟薪水到頭來不就是為了來服務這議題嗎？

當然生死有命，時間長短由上帝決定，不過我們那麼會算計，怎麼遇到大事就不肯拿起計算機來，算上一算？

所有故事都該是真心的，
不真心的故事沒人要聽。

其實很簡單的，我們就拿一個大學畢業生的人生來算一下。正常畢業的話，二十二歲成為眾人眼中的新鮮人進入職場，前途大好，無可限量。假設他活到八十歲呢？人生會有幾天？哦，為了好計算，我們就來個新人大放送，讓他活到八十二歲好了。哇，還有漫長無比的六十年，也就是一甲子，天干地支都可以全部輪上一輪，真是有夠長的，想起來就覺得什麼事都可以緩一緩，先來躺一下，打個滾，明天再做就好了，反正還六十年耶，久得很。

但是，六十年有幾天啊？欸？以我們從小被不斷訓練、總在外國人面前逞威風彷若天才兒童的心算能力，一定一下子就能算出來了。好的，我們有請本公司財務長，也就是曾獲初級會計學和成本會計學栽培深造連修兩次、數字財務概念清晰、擘畫能力驚人的我本人來為大家算一下：一年有三百六十五天，乘以六十年，也就是兩萬一千九百天，啊，不到22Ｋ？

就算加上閏年，每四年會多一天，也就給你多十五天，兩萬一千九百一十五天！還是不到22Ｋ！不到22Ｋ！有沒有算錯啊？我再拿出算盤來算一次，還是一樣，22Ｋ（騙你的，我家算盤不知道在哪裡）！

傷腦筋的是，這兩萬多天不會增加，不管你賺多少錢，也許你的月薪會隨著你的經驗、能力、專業、人脈、獲獎數增加，從22Ｋ開始微幅但確實會往上慢慢攀升。但這兩萬一千九百一十五天，無論如何就是不會增加，過一天少一天，不管你這個月賺多少錢，是兩萬還是兩億、人緣多好、老闆多喜歡你、你有多少個女朋友（？），你就是無法增加。

甚至就算你是台灣的首富，你也無法改變這個事實，你無法為你的家人、妻子或是弟弟多爭取幾天。而且請別忘記，我們提供的八十二歲還是台灣人口指數中的女性平均數。如果你是男性，你有很高的機率無法活到八十二歲，更別提，你現在已經超過二十二歲了，你擁有的可能不到兩萬天。

這不到22 K才是你真正該擔心的啊！

我的戶頭連一萬都不到

假如以我們最在意的銀行戶頭數字來表示，或許會更有感受。

以我為例，如果我活到我父親的年齡六十五歲，我今年三十八歲，只剩下二十七年，乘以一年三百六十五天，也就是九千八百五十五天，就算大方的加上閏年，也不過九千八百六十一天，還不到一萬，連10 K都不到。換言之，我的每一天都是九八六一分之一，每過一天就少一天，數不到一萬就結束了。所以，我戶頭裡的數字，在帳簿上呈現的可能少於一萬，

如果你發現你人生剩不到22K，
你今天還要這樣過嗎？

連四個零都拿不到。

我都還不想提，在人生最後的那一個月，可能已經喪失行為能力，連出一張嘴都不一定能夠如願。可能昏迷、可能癱瘓、可能連想嗆聲說我想幹嘛都做不到，扣掉那些無自主能力的天數，真正可以做自己想做的事的日子，又更少了。

每次有機會和朋友演講分享，我都會說，我今天花了我人生中的九千多分之一來和你們相處，我非常珍惜，更希望不要浪費你和我的時間。

最重要的是，如果你發現你人生剩不到22K，你今天還要這樣過嗎？

我甚至會說，如果你們真的仔細想想，覺得現在坐在這和我在一起有點可惜，覺得有更值得的事要做，因此起身離開，我一點也不覺得怎麼樣。歡迎快去做你覺得該做的事，也許是抱你的孩子，也許摸摸你的狗，也許打電話給你爸媽。總之，你是自由的，只是你一直沒意識到你的自由是有限制的，至少時間就是一個重要的限制。你該面對那限制，好好使用你的自由，你才真正擁有那個自由。

生命會消逝，
但故事通常會活得更久。

時間和故事的意義

如果你讀到這，還沒放下書，去做你該做的事，可能你是個滿足喜樂的人，也可能你沒認真考慮，那我會請你再考慮一下，我大概可以想出一千個比讀這本書更重要的事值得你去做，快去吧！

但假如你還是選擇留下，那麼讓我們重新來過，收拾起你的駭然，因為害怕並不能改變時間的事實，或許因此積極地面對才是珍惜的方式。我們來仔細想想，為什麼一本關於說故事的書，非得要這樣嚇你呢？

因為故事和生命有關，而生命和時間有關。

可能你原本只是想學習說故事的方法，但我會建議，與其了解那方法，或許了解生命，會讓你更有故事。了解生命，能讓你更能遇見故事，因為故事一直在這世界裡，因生命而活。生命會消逝，但故事通常會活得更久，這不必我解釋，你看《安徒生童話》就知道了。

當然故事也會死亡，何時死亡呢？在我們忘記面對生命，無意識的過活時，當人們沒有心，故事就無用武之地，它就嗝屁了。

當你沒有心，你可能通曉一切說故事的技巧，但你沒有故事，你無話可說。儘管故事在你面前綻放，搖擺它迷人姿態，你放過它，你無法摘下，因你視而不見。

有生命才有故事

也許你只是想藉由講故事來多數些鈔票，我不怪你，我也是那樣的人，我靠講故事過活。但容我提醒你，故事來自生命，與其急著數鈔票，不如細細數算我們在地上的日子。當你仔細清點感恩那些個生命，故事就來了。有時候，它會伴隨著一點尾數，仔細看，欸，是幾億的營銷收入，但說真的那比起生命本身，一點也不算什麼。

我所認識很棒的創意人，都很用心生活。他們關心家人朋友，他們在意素昧平生的陌生人，他們迸發自身能量，不為了工作或銀行裡那幾個數字。他們為了人，為了在世上留下些意義。他們講述著話語情節，因為能傳達生命美好，他們理解生命習題的無奈難解，從而溫暖柔軟，自身上綻放光芒。有時我們幸運地被他們的光照到溫暖了，感到有盼望，感到活著了，而那，就是我們說的故事。

世界龐雜巨大，故事穿透其間，擺脫時間和空間的限制，它是人類唯一可以做到的猛烈對抗，千萬別放棄這特權。當然這特權有時可以幫你的品牌帶來意想不到的收入，要感恩，在那之前，要感動。

而且再怎麼樣，當你想到對方和你那一直從指尖掉落、消失於空間裡如灰塵般的22 K，作為一個說故事的人，你就會清楚知道你得好好講，因為你不想隨意浪費彼此，那逝去就不復可得的年華日子。

所以，請小心，對待你的生命，

那是說故事的開端和終端。

3

如果有標準答案，也是最爛的答案

我們習慣等答案，
甚至在答案來的時候，就趕快把它背起來，
因為這樣比較快，比較有效率。
可是你把這放大到全台灣時，會變成所有人都在等答案，
所有人都不思考答案，也就變成全台灣都沒有答案，
答案一定來自台灣之外。

習慣背誦標準答案的我們，來到真實世界卻吃足了苦頭。或許是考試的常勝軍，專長是把答案背起來，遇到考試時，就如醉酒的人吐出來一般，然後卻再也吞不回去了（好吧，我承認這畫面很噁）。真實世界從不賣考古題，真實世界的題目永遠不同，答案得自己找，很少需要背誦，你若只會背，那可能不太會送（爽！台語）。

我小時候記憶力很好，也確實因此考試得利，但還好我有個調皮搗蛋的個性，總是會想「為什麼只能這樣？」久而久之，發現很多標準答案只是組織用來方便管理個體，並期待大家養成「多做事少說話」的習慣。

戒掉等標準答案的習慣

老闆問大家有沒有什麼意見，大家已經習慣沒意見，等著老闆給意見，好讓會議早點結束，因為只有老闆的意見才是意見。可怕的是，真的遇上組織危急存亡，要尋求創新效果時，這習慣變成了集體的壞習慣，因為只剩一個人在動腦，而這個人同時也在動口求援。大家都不動腦，都在等，等到後來，可能會等到死，你說這組織能走多遠呢？

這當然不全是老闆的錯，就跟跑步一樣，沒人逼你不要去跑步，更多時候，壞習慣是我們自己養成的，你得試著 quit，試著找自己的答案，就算沒人問你。

拒絕背誦，不是因為懶惰，而是為了存活。

愛因斯坦有一次接受記者訪問，其中談到光速。記者問愛因斯坦知不知道光速多快，他好寫進報導裡，愛因斯坦說他不知道，記者嚇一跳，問：「這不是你『狹義相對論』的基礎嗎？$E = mc^2$。」「狹義相對論」裡推導出這個全世界都知道的公式，我們都背過也可能都忘了，E是能量，m是質量，c是光速。

愛因斯坦面對記者對於他不知道光速有多快的質問，只是淡淡地說：「不是已經有人測出來了，上網查就好了。」

如果你就這樣點頭稱是，就表示沒有認真看，書上寫的你都相信，小心被人騙哦。

拜託，那時哪有網路呀？愛因斯坦是說查書啦！不過意思一樣，數據這種東西不必背誦，需要的時候查就好了。但想法無法 google 就有，你得想出來。

而我們不再習慣想了。那才是我們的問題。

有利器，就不必花力氣

隨手舉個例子，還記得我之前提的人生不到22 K，你以為他只是個警世名言嗎？對不起，我倒覺得那是行銷利器，有利器你就不必花力氣，台語叫「了憨力」。假如你還想跟年輕人說些什麼「少壯不努力老大徒傷悲」，大概只會被老大不願意的轉過頭去吧。目前任何品牌想要激勵年輕人，都得面對過度政治正確帶來的無趣，於是把理想主義確切地轉化成人們能理解的語言，變得重要無比。換言之，如果你還強調「一寸光陰一寸金」，年輕人會問你說，那麻煩把我這不知道要如何使用的時間拿去折換成現金，謝謝。這不是誰的錯，純粹是對話需要與時俱進。

什麼是利器？基本上就是不同的觀點，可能要談論的目標是一樣的，但你用不一樣的角度切入，好創造新鮮的傳播結果。

以剛剛的22 K為例，藉由年輕人在乎的起薪數字，竟大於他們人生所剩的日子，來對話「把握時間」，相信是有點力道的。至少每次演講時，我請現場朋友算看看，每個人算完後臉上都一陣白，甚至準備起身離開去做自己更想做的事，我想那至少是有效的溝通。

品牌對話的難度，從來不在於找到一個正確的思想，更多時候，我們面對的是人們的習以為常，甚至不屑一顧，用一個觀點去刺激對方，比借一億元來得有效率。當然，以我而言，因為沒有一億元，更只能選擇努力創造觀點。

> 在每一件事上，
> 你必須要求自己的想法不一樣。

Stay weird, stay different.

這是二〇一五年奧斯卡頒獎典禮上，創作電影「模仿遊戲」劇本的劇作家在得獎時提出的，我覺得很感動。他談的是他的人生際遇，雖然遭受打擊歧視，但繼續堅持，他的不一樣，讓他不一樣。

我不認為你必須在生活上標新立異，你可以做自己覺得舒服的樣子，但是你必須要求自己的想法不一樣，在每一件事上。

我們習慣等答案，甚至在答案來的時候，就趕快把它背起來，因為這樣比較快，比較有效率。可是你把這放大到全台灣時，會變成所有人都在等答案，所有人都不思考答案，也就變成全台灣都沒有答案，答案一定來自台灣之外。那麼，一個整體缺乏答案、缺乏解決方案的國家，樣樣都仰賴他人提供支援，你覺得這樣會賺得到錢嗎？你覺得會讓人尊重嗎？

有時覺得我們變成一群過度勤勞的工蟻，但沒有負責思考的蟻后，於是任人擺布，賺辛苦錢，甚至賺不到活下去的錢。

時常有人在談「創意思考」，好像只有在特殊時候、需要創意時才思考一下，為什麼不在每件事情上都思考一下呢？如果我們在乎我們的環境，在乎我們的社會，那我們應該都會有自己的想法的。在工作上更是如此，如果你愛你的工作，你應該每天都會有新想法，關於如何工作，如何讓你的工作內容更好，如何讓你的工作有點意思。當然，最重要的是，你不會願意忍受你的作品跟人家一樣，那實在太沒意思了。

創意的定義很多，但最基本的就是「不一樣」。從生態學的角度看，多樣性，也會是種族繁衍的必要條件，你除了穿著不一樣外，想法有很不一樣嗎？而那可以看出你多愛這個世界，多愛你自己。

不標準，才有高標準

分享一個慘痛但美好的經驗，衛生棉的品牌一般來說都會由女生操作，但我曾經做過四年的衛生棉，甚至有個目前仍舊很暢銷的品牌，還是我命名的。我們創造的視覺資產，到現在還滿多人記得。

但一開始不太順利，因為一切都不太典型，當然也讓人不太安心。

那時我和我的啪呢（partner）Kit剛接到這新創品牌，工作很繁瑣，從消費者市場調查開始，座談會一場接一場，我當然很認真去聽，但總覺得隔層紗，因為自己沒用過。沒想到後來發現，因為我們不是使用者，反而有新觀點。

第一次去跟客戶提案時，到了現場，我們清一色全是男的，從執行創意總監到創意總監到文案和藝術指導，都是臭男生。正懷孕中的客戶被我們團團圍住，明顯的不安，因為她害怕這麼私密的女性產品會因為我們的不熟悉而被做壞，而這可是他們年度最重要的新品牌上市案呀！果然，她後來跟公司抱怨，要求換組操作。

現在回想，要是我是她也會緊張，這是一個不標準的組合，會不會連使用方法都不清楚呢？更別提消費者的 insight 了。

這是一個很有意思的事，到底是不是一定要女生才能做衛生棉品牌的廣告呢？多年後，我似乎有個不太清晰的答案。很簡單，如果以相同的標準來看，是不是一定要開過賓士才能做賓士的廣告？

我自己做賓士最頂級車款 S Class 的廣告時，還沒有駕照呢，但我們不但讓車賣光光，還拿到廣告獎的金獎，同時還有好幾個國際獎。

是不是使用者不重要，重點是你是不是比使用者用心。

標準流程只能減少不標準，但別忘了，高標準，也是一種不標準呀。

我的師父薛瑞昌還是很有個性的，他不但沒有聽客戶的話，把我們這兩個臭男生給換掉，相反地，他鼓勵我們要做出讓客戶滿意、甚至得意的作品（他事後說，其實他也不知道我們會搞出什麼鬼來，只能祈禱）。

於是，我和滿臉絡腮鬍的 Kit 每天盯著衛生棉，我們把它貼在奧美廣告三樓的玻璃窗上，窗外是繁華的信義區，車水馬龍摩登時尚男女川流，這樣說有點不好意思，但我相信我們盯著衛生棉的時間，不會比任何女生來得短，那是我們自己不標準的高標準。

我一直相信，重點不在於物件本身，而在於物件和人的關係。我看了好多衛生棉廣告，也幾乎把每片衛生棉都徹底地解構了（不好意思，這點我想也比許多女生厲害），但我一直覺得應該有一個心理狀態，是我們還沒有去觸及的。

不標準的問題，創造新標準

我們雖然是臭男生，但總是有女生朋友，尤其 Kit 俊帥倜儻人氣極佳。我們問了所有女生朋友，想知道那個來什麼最困擾，所有人異口同聲說，外漏。

外漏當然很困擾，所有的衛生棉廣告也都在訴求不外漏，但外漏是物理現象，我比較好奇的是在心理上的影響呢？

有人說，外漏很尷尬，通常座談會的追問也就停留在這裡，一般來說，也不會想演出那尷尬的情境，因為對女性消費者來說，看了會不舒服，所以也就不會往下問消費者。

但不知為何，我福至心靈，多問了一句：「對誰尷尬？」

創意的定義很多，
但最基本的就是「不一樣」。

答案當然是別人，那我就再追問：「別的什麼人？」

「旁邊的人。」

「男生還是女生？」

「男生啊，女生彼此都知道，比較不會尷尬。」

這時，我們看到燈泡亮了，原來女生外漏當然會感到尷尬，但最尷尬的是有異性在場，而這樣的心理狀態是過去沒有被提及的。

因此後來我們發展腳本，就去點這個 insight。但並不直接點外漏，而是演出女生和男生出遊時，姊妹淘儘管很想看鯨魚，但因為擔心有異性在場，外漏很糗而「不敢輕舉妄動」，在那裡躊躇再三。而一樣那個來的女主角卻毫不猶豫地大動作就跳上男生的背，就算那個來照樣「好敢動」，除了直率大方，還因此看到了難得一見的鯨魚，因為她使用了這個品牌的衛生棉。

這作品稱不上有什麼跳躍的 idea，但是它有一個與眾不同的 insight，甚至該說是個比較深入的心理描繪，把現代女性重視社交活動的積極性表現出來，所以很受歡迎，不但一次打響了品牌，更創造滿好的銷售成績。

如果你不愛穿制服，
為什麼要給你的腦袋穿上制服呢？

當然，多數品牌都會去 demo「大動作」這件事，好證明商品不會外漏。於是你看到各式各樣的一字馬或跳躍動作，我覺得這當然沒問題，dare to move 沒什麼了不起，但是如果加入一些人性因子在裡頭，呈現心理層面上的需要，讓「自由不拘束」不單只是肢體動作，我想會讓消費者更買單。也就是說重點不是怎樣的 movement 而已，而是 dare to，「妳敢，妳可以」。

像這樣，做出了大概是華語市場第一個有男生在片中出現的衛生棉廣告，甚至因為消費者後測與銷售成績都很好，原本想換掉我們的客戶，對我們客氣有禮，還拜託我們繼續三年操作相同的心理狀態，也讓這品牌瞬間在競爭激烈的市場裡有了一席之地，並擁有明確鮮活的品牌個性。甚至當我都離職了，這客戶還透過夥伴，一直拜託我幫忙操作其他品牌。

我自己事後想，說不定，就只是因為我們是臭男生，而有迴異於他人的觀察。不標準，說不定，可以靠近高標準，如果認真的話。

和世界唱反調，而且要成調

我從小就愛和權威唱反調，幾乎成習慣了，沒想到卻意外地適合這個行業。但我給自己的提醒是，就算是唱反調，也要用心唱，至少要成調，才不枉費對方忍受我的叛逆。

以前在南一中，學校發的是卡其色制服，但許多人都會自己花錢去做制服、改制服，把原本的直筒長褲打摺，看起來比較帥氣，我因為家裡沒錢，也就算了。

有次跟爸爸聊起，結果爸爸大笑，爸爸說他們以前的卡其制服都有打摺，結果大家都會自己去把打摺褲做成直筒褲，剛好相反。

說起來，我們都曾經討厭被標準化，為什麼現在卻那麼容易接受標準答案呢？

如果不愛穿制服，那為什麼要給你的腦袋穿上制服呢？

不要輕易被制服。

尤其是被你自己制服。

「純白體驗」
賞鯨篇

4

你在工作還是做作品？關於詩

工作通常因為我們的時間有限，所以只能完成；
但作品就不一樣了，
作品只分成「好作品」和「更好的作品」，
沒有最好的作品。

當我工作時，我通常會聽網路廣播裡的古典樂，聽著大提琴在耳邊、在血液裡來回。我覺得這比較寫意，當然很有機會聽到的是巴哈的無伴奏組曲，也很有機會安定下來想出點什麼。

比方說我現在正喝的是肯亞空運來、鳳凰特選，批次 405A 的全水洗豆，所在地是台南一家叫 St. 1 Café 的咖啡館。透明的玻璃鑲嵌於黑色的鋼條間，光線流入，咖啡味道強烈，椅子很有樣子，桌面的木紋凹凸，手輕撫過會有種美好胴體的感覺。左邊兩個少女，一個染著紫色短髮，一個正常妹妹頭瀏海長髮及肩，肩並肩就著咖啡桌討論著履歷表要怎麼寫，一邊取著英文名。

「Zoe 好啦，Tina 我同學就取了。」

「啊，那 Sharon 呢？」

「Zoe 好了。」

「啊你簡歷是條列式的，還是寫成一篇文章？」

「我不知道耶，哪一種人家會看？」紫頭髮的講著。

「不知道，我又沒有面試過別人。」妹妹頭回。

我努力認真的做著自己的工作，但聲音穿過耳機流入，我面無表情，但心裡暗暗為她們禱告，希望她們能寫出漂亮的履歷表，也能夠有機會去面試。希望她們找到的工作她們自己喜歡，對方也喜歡她們，更希望這世界喜歡她們的工作，並且因為她們的工作而更好，儘管我們知道那從來就不容易。

右邊是位中年大姊，話語不停，大致是說總是有人到他們家門口等，有穿西裝襯衫的，有長頭髮女的，有一般說的阿弟仔，騎著摩托車叼菸在門口等。聽這些說法，大致就是他們有塊土地，人人想要，三教九流總來拜訪，想要他們的土地，讓人不堪其擾。

我想，那也是一種工作。

你在工作還是做作品？

嘴裡的咖啡酸味明確，從舌尖跟我打招呼，好像在提醒我別輕易離題。對，我在工作，她們在找工作，也有人的工作是到人家門口盯梢要人家賣土地，那工作到底該是怎樣的東西呢？而說故事作為一種工作又該是如何呢？

以前當文案，有個額外的工作，就是報名參加國外廣告獎項。當時發現他們報名的項目都寫 work，一時不太明白。

後來，在讀《聖經》時，也發現有段經文說「我們原是上帝的工作」，覺得不太通順，但若是翻成「我們原是上帝的作品」，就好像比較懂了，也比較會珍惜我們自己。

曾經連續幾年拿到全球風雲廣告代理商的 BBDO 的牆上，甚至還大大寫著 work! work! work! 那時我還想說老闆只知道逼迫員工工作嗎？原來不是，是公司在鼓勵大家要產出作品，作品代表一切。

Work 在我們中文裡雖然翻譯成「工作」，但其實也是「作品」，只是我們常常只想到「工作」，而沒想到「作品」。

我們平常是不是也常這樣呢？

只想到要「工作」，沒想到要「作品」？

辛苦工作和痛苦工作？

工作之所以那麼重要，是因為可以讓我們交換到金錢，於是，我們犧牲，我們忍耐。因為工作嘛，工作本來就很苦，我們要付出代價，才拿得到錢，才拿得到別人也是辛苦賺的錢。這樣的思考，或許沒有錯，但可能也沒有對。

（開始有人意識到，我總是提出一些看似白痴的問題了吧？但從邏輯的角度看，假使我們同意我們並不是存在於一個二元悖論的世界裡，那麼只是沒有錯，並不代表一定對哦！）

我的意思是，工作當然要付出，但是不必然一定要痛苦，甚至在講故事的世界裡，可能多少要經歷辛苦，但不一定很痛苦。甚至我敢保證，在你講出好故事的同時，你自己是享受的，成為一個比平常的自己更好的人的一種出神入化、超凡入聖的痛快感。

我想，那種痛快，那種暢快，應該不會很令人厭惡、討厭、壓抑，或者想逃避，你應該會上癮。

剛入行時，我跟大家一樣，要去各大外商廣告公司 interview，也不是很順利，應該說大多不順利。除了智威湯遜和奧美以外，其他的外商，我幾乎都被刷掉，沒有錄取（唯二錄取我的這兩家在當時卻是最強的兩家，真搞不清楚我到底是優秀還是孱弱？）。當時李奧貝納廣告有位英國的創意總監叫作 Gordon，在拒絕我的時候，我請他給我一個建議。

他說：「如果有一天你起床，發現你不想做廣告，那你就不要做了。」

這句話，其實後來影響我很大，如果你發現你並不想講故事，那你還是就不要講了，因為你會浪費別人的時間，也浪費你的生命。

你一定得是因為很想講，有個很棒的故事，才會有人願意聽。如果你只是把講故事當作一個不得不然的工作，對不起，feedback 也會清楚得像在大太陽底下，你的陰影會很明顯，

讓工作變成作品，
最好是一首詩。詩意，不會讓你失意。

你的故事不會打動任何人，就算你假裝，也只能騙到自己。

人們不會因為你的工作很痛苦，而給你錢，但會因為你的工作很痛苦產生不了好作品，而不給你錢。

那怎麼辦呢？

其實，也很簡單，只要你開始把你的工作，當成是做作品，你就會感到開心，你就會覺得付出是創作的一部分。回想你小時候的畫畫，你不會因為要調顏料而跟老師抱怨，你不會因為要趁著光影沒變化前趕緊動手而嘆氣，你可能會覺得畫完後要洗筆有點麻煩，但你不會因此不畫畫。當然，如果你會因此埋怨，你也不會成為畫家。

當你想做作品，你就會開始有作品，你才可能有作品。

更有趣的是，現實如我們，卻常常沒有意識到，如果我們不單是工作，而是創作出作品，可能可以讓我們交換到更多金錢。

詩意，讓人不失意

有趣的是，在希臘文裡的「工作」和「詩」還是同一個字源，你會想用「詩」來形容你的工作嗎？

我自己在每個工作裡都會試著找到一些意義，要是沒有，一定是我的錯。而且這錯，可能會對不起很多人，但最對不起的是自己。工作通常因為我們的時間有限，所以只能完成；但作品就不一樣了，作品只分成「好作品」和「更好的作品」，沒有最好的作品。

那是一種態度，當你意識到你在做一個作品時，你會耐煩，你會敢於開口，你會去搭訕你平常生活裡不會接觸到的人事物，你會很容易肚子餓，你會很想吃點故事進去，你會想要再試試更有意思的故事說法，因為那是一個作品，而不只是一個工作。

甚至，它可能是一首詩。

再問一次，當一天工作結束，你拖著疲累的身軀，回談想著今天的努力成果，你會說你完成了一首詩嗎？

上帝說，我們是他的作品，我們每一個人都是一首獨特的詩，而作為一首詩的我們，沒有道理會沒有詩意，沒有道理不能讓我們的工作充滿詩意。

如果你肯讓你的工作有那麼點詩意，我總相信你應該不至於失意。

詩意，不會讓你失意。

讓工作變成作品，最好是一首詩。

5

大熱天裡寫功課和
大熱天裡喝冰果汁？

你可以繼續生活，

你可以談戀愛，你可以開車兜風，

但你一定要把那故事放在心上，

那個你還沒想出來的故事，讓他有最多的資源，

讓他和你一起生活。

一起經歷你那奇妙有趣讓人羨慕的生活經驗，

一起長大，一起變厲害，

一起讓人印象深刻。

這裡要分享一個我個人發想的習慣，注意，只是習慣，不代表必然法則。

我喜歡在聽對方 brief 的時候就開始思考，許多案子甚至在 brief 的當下，對方話都還沒講完，我就想好了。比方說，「假柏斯篇」就是這樣，在業務夥伴還在說明活動辦法中會送 iPad 時，我就插嘴說，我們就讓一個神似賈伯斯的「假柏斯」在發表會上說明送 iPad，後來這有趣的想法，也確實就這樣提案、這樣執行、這樣上片了。

如果你把工作當成是工作，你一定會像做暑假作業一樣，只想晚點開始早點結束，通常那就是暑假結束的前一天，也因此你的作品就會像作業一樣，只是交差了事，只是把格子填滿了，靈魂是空虛的。

可是如果你把它當作暑假的實體本身，就是玩樂，就是享受，你應該會迫不及待想開始，甚至偷偷開始。就像大熱天裡偷喝冰箱裡的果汁，你不會想拖到最後，你會想時時來一口，你會想好好的坐在椅子上，享受這炎炎酷暑裡，讓你打從心底舒服暢快的美好時光。

大熱天裡寫功課和大熱天裡喝冰果汁，就是作業和作品的距離。

而最後產出的甜度差距，也會是這樣。

給作品充分的時間

很多人以為我想很快，其實不是，那是因為我平常就在想了（雖然大多是胡思亂想），還沒接到工作就開始工作。創意人的工作和生活是無法分開的，你的生活就是一場精采的工作，你的工作更是因為你試著精采的生活。當你選擇成為講故事的人，你就得無時無刻尋求故事，尊敬故事，把每個故事都撿拾起來擦乾淨，放在口袋裡。當然，有時會撿到狗屎，但你不怕臭，就有機會撿到黃金，而且別人眼裡的狗屎，還是有可能在你手裡成為黃金呀。成語所謂的「點屎成金」就是這樣來的。

當你隨時都在思考，你的作品在培養皿裡的時間比別人長，可能就有機會長得比較強壯。

許多人以為我喜歡偷懶，整天看起來都在玩。一下子跑步，一下子去二手書店瞎晃，一下子跑去看球賽，或者趁著大家上班時跑去小村莊小旅行，再不然就是找小孩子打籃球，就算球友年紀都可以當我的小孩。明明有重大的提案，卻四處晃盪，好像不太負責任，事實上，看起來不像，但我一直在想，我一直在為我想提出的故事爭取時間，爭取最多的日照角度，爭取最多的養分。

我是相信努力的，我不是天才型的創意人，我傾向一直想一直想，因為你想愈多，愈有把所有的時間留給你在想的故事。
你可以繼續生活，
但你一定要把那故事放在心上。

機會想到好的。就如同尋找一位奧運選手，在十個裡找一個和在十萬個裡找一個來代表你們國家，絕對有差別。故事若是王，也有大王小王的差別，你有沒有給自己充分的時間，找到並培養出萬世君王？

假如你只是要應付，趕快弄出個東西來，趕快交卷，那你的答案一定是你原來就知道的答案、你本來就會的答案，你不會去挖掘，你無法給世界新的答案，你更無法創造新的趣味。

你花時間在什麼上面，你就會成為什麼專才。花時間在看臉書上，你就會是看臉書的專才（注意，是「看」不是「經營」，只是看臉書並不會讓你成為經營粉絲社團的專家，不要騙你媽媽），花時間在運動上，你就會更懂運動；花時間在講故事上面，久而久之，你就是個好的說書人。

最後的最後

我去睡覺，不代表我沒有在想，我會讓自己在夢裡想，在軟墊上做核心運動想，在煮咖啡時想，我會很有耐心地一直想到最後的最後，想到 deadline 前，才跳到電腦前，把想法整理出來。

把所有的時間留給你在想的故事。你可以繼續生活，你可以談戀愛，你可以開車兜風，但你一定要把那故事放在心上，那個你還沒想出來的故事，讓他有最多的資源，讓他和你一起生活，一起經歷你那奇妙有趣讓人羨慕的生活經驗，一起長大，一起變厲害，一起讓人印象深刻。

而這當然需要你比別人費更多心力，你不是真的跑去玩，你是在找尋東西。而且說真的，你自己一定知道你是不是偷懶，當你偷懶，你錯過的不是一個作品而已，你錯過的是你的人生，因為你的作品代表你，你的作品如何，就呈現你是怎樣的一個人。

我真心鼓勵你不要只是寫暑假作業，而是認真的延長你的暑假。真心的愛你的作品就像愛暑假一樣，讓你的暑假成為你的作品，讓作品和你一起在時間的最後的最後，登場。

更棒的是，每個工作都這樣，那你不就有過不完的暑假？

習慣想東西和想東西的習慣

想東西不是在學校上課，誰說要乖乖坐好？

我自己要是規規矩矩坐在辦公室，一整天下來，唯一做到的事，就是規規矩矩坐好而已。

我有很棒的產出，那天一定是和有趣的人聊天，一定是在書店裡看了完全和議題不相關的書，一定是做了個汗水淋漓暢快無比的運動，甚至，有時是被老婆好好念上一念。

不要把想東西當作是很特別的事，但要特別把想東西當作生活的習慣。就像你有刷牙的習慣，也就是不管你今天過得好不好，你都可以好好

我的辛苦工作照

刷牙，你也都能夠想出好故事。小時候還在當小文案時，就聽說 Saatchi & Saatchi（上奇廣告）的創意總監，可以在嘈雜無比的英國酒吧裡，在一個個醉漢之間想出驚人的創意。那時聽了這故事，只覺得要留心醉漢，對方可能都是大創意總監。後來長大了點才明白，講故事不是一個多麼高高在上的事業，它應該是一個習慣，而這習慣，就該在真實無比的世界裡生活，並能夠隨時拿出來與人分享。

長大後，我和師父薛瑞昌在一片以台語喊著台灣拳的海產攤裡，在啤酒碰杯聲和大火熱炒時獨有的鐵鍋翻炒聲中，寫出左岸咖啡館的 slogan「人，是巴黎最美的風景」，並不輕鬆，因為我們討論好些日子；但也並不清高，因為我們在真實的世界裡，用腦力拚搏著，就跟身旁的生猛海鮮一樣，肉質扎實，味道鮮美，也跟身旁的人們一樣，沒有低俗高下之分，只有真心。

世界可能很喧鬧，但真心能夠勝過世界，甚至因此不必害怕世界的狡獪翻吵，因為你知道，你的故事還是得從眼前這不盡完美的世界生出，好來讓這世界更完美一點。

因為故事真實無比，它不是輕煙，更不是鬼魂，當然它也可以用輕煙和鬼魂的形態讓你看見，但說到底，它的本質就是生命。

而一個生命是由一連串的習慣所組成的（話說回來，我們那時可是一滴酒都沒喝，因為

不要把想東西當作是很特別的事，
但要特別把想東西當作生活的習慣。

我怕喝酒誤事，怕喝了一堆，卻沒記下半個字，那就只是個醉漢，而不是李白。）

就算你不打籃球，你也可以加入湘北籃球隊

就像湘北籃球隊搭電車去比賽時，隊長赤木要求全隊，雖然坐電車，但不可以坐在椅子上，所以每個人都是以接近但不碰觸椅墊的方式半蹲著。那是一個日常的訓練，而訓練更該日常化。

就算不打籃球，你也可以加入湘北籃球隊，那是一種態度。當你坐捷運時，你可以試著描述眼前的人物，可以試著想像他在上捷運前正在做什麼事，他下了捷運後會去做什麼事。

搭捷運的時間也許十五分鐘，也許三十分鐘，試著告訴我你的大腿肌在半蹲半小時後會有什麼樣的感覺。這樣的自主訓練也可以發生在你的大腦肌上面。美好的是，一個捷運列車有各式各樣你在辦公室裡無法全部碰見的人物，但你現在有機會一次蒐集齊全，簡直就是經典人物大匯串，比日本新年的紅白大對抗，更能讓你一次看到所有故事界裡的大牌。

如果你每天都搭捷運來回，都做兩次自主訓練，也許你還不能灌籃，但你一定有上籃得

分的力量。

不要跟我說你不搭捷運，捷運只是場域的比喻，你的自主訓練，當然也可以發生在公車上，餐廳裡，菜市場。任何有活人的地方，你就該開始你的自主訓練，你隨時都可以開始講故事，你應該隨時都在讀故事。

你沒有沒有在訓練的時候。

籃球隊和不是籃球隊的差別，就在這裡。

詩意，不會讓你失意。

強壯的大腦肌，也不會讓你失望。

二

讓好故事活下來，
一切就活了

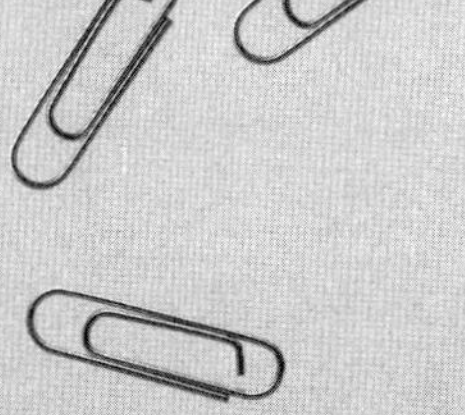

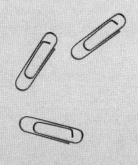

1

如今在這世上最重要的是愛

很多人罵客戶情緒管理很差，

那當然可能是個人修養的問題，

但更多時候是他的品牌出現了問題，

他正面臨極大的壓力，

他不知所措，他沒有安全感，

他不知道事態將會如何發展，而且他沒有答案。

早晨起來，做核心運動，煮好咖啡，禱告，拿出紙筆，寫下來，完成。

我的創作，大概就是這樣。

但不是因為聰明。

小時候的智力測驗，我拿很高分，讀南一中時也有機會進資優班。但我確實了解，講故事與你多聰明無關，倒是，你至少不要把別人當不聰明看待。

一開始做廣告，總覺得要顯露自己的聰明，後來變成跟評審比誰聰明，再後來才知道，最聰明的不是聰明的，是愛人的。

不要以為自己很聰明

這點連《聖經》裡都有寫，〈箴言〉裡說「不要勞碌求富，休仗自己的聰明」，〈哥林多後書〉也說「在世為人不靠人的聰明」，因為你很聰明懂得算計，別人也很聰明，知道你的算計。這算來算去，就算最後讓你算計成了，對方也不是打從心裡認同，更別說愛你的想法，愛你這品牌。那麼與其如此，還不如，好好用愛心說誠實話，把真實的故事說得好，才能真贏到人心。

尤其，你的大腦再了不起，以重量而言大約也只占體重的百分之二（嘿，別因此誤以為增胖，腦子就會變大）。多和世界學習，把整個世界變成你的外掛硬碟，總比你那有限的幾百G內建硬碟來得強。

不過，比起巨大的世界，還有個更強的硬碟，那叫作心，只要有芥菜種子大小的心，就可以影響整個巨大無比的世界。

我們常講說要用心，真的有用「心」來思考嗎？

機巧，讓人失去機會

我一直很討厭把別人當北七的作品。我的意思是道貌岸然，卻無溫度不知所云，那種高高在上，把別人當低低在下的說話方式，其實，很不討人喜歡。道德應該是用行為「行」出來的，不是裝得嚴肅就嚴肅了，當然也不是假裝輕鬆就輕鬆了（你一定知道很多假嗨的作品……）。

己所不欲，勿施於人，因此我一直想著要用什麼樣的形式來表達，既真實又不顯機巧，不讓對話的機會錯失。

「我若能說萬人的方言，並天使的話語，卻沒有愛，我就成了鳴的鑼，響的鈸一般。我若有先知講道之能，也明白各樣的奧祕，各樣的知識，而且有全備的信，叫我能夠移山，卻沒有愛，我就算不得什麼。我若將所有的賙濟窮人，又捨己身叫人焚燒，卻沒有愛，仍然於我無益。」

這段話講得很直白，也是個很會講故事的人說的，他叫作保羅，他寫的書，據說目前為止都還是世界暢銷書排行榜第一名。以這文字的第一段而言，大概就是在跟傳播相關的從業人員說的，無論你可以做出多麼影響人的作品，語言文字多麼優美，畫面音樂多麼震懾人，可以帶給世界多大的影響，如果你沒有愛，你頂多就是個工具，像個冰冷的音響擴大機喇叭而已。

我很喜歡的搖滾樂團U2有一首歌叫 *one*，副歌裡面不斷重複兩句歌詞 *Love is a temple, love the higher law*，我覺得很棒，很適合每個發想故事的人用來提醒自己。

愛是聖殿，愛是更高的法則。

當你想好一個故事，可能聰明絕頂，幽默風趣，出人意表，不過請不要忘記問問自己，在這故事裡，愛在哪裡。

你會說，拜託，客戶又沒有要溝通愛，產品也跟愛沒關係，我幹嘛要管愛不愛的？

答案是，因為，你是專業人士，你比任何人都清楚，愛才能打動人，聰明不能。

而且愛可以解決所有的問題，如果你是要來解決問題的話。

你的愛，可以解決你和客戶的問題

第一次到某客戶提案，也是我到智威湯遜廣告的第一個案子。我帶著幾個想法去，見見新客戶，認識新朋友，對我這種愛交朋友的人來說，除了是工作也是件很興奮的事情。當然，更因為腳本不錯，你會期待跟人分享。

說真的，我自己當老闆後，就知道有時候為什麼老闆不叫我們去提案，因為腳本不夠精采，怕客戶的批評會打擊資淺人員的信心。但當有很棒的想法，除了希望腳本能夠通過、被執行外，真正有愛心的老闆，還會希望所有組員一起去提案，好當面接受客戶的讚美，那對資淺人員來說，是個莫大的榮譽，也是鼓勵我們這群總在犧牲許多後，把生命結晶成寥寥數

> 愛才能打動人，聰明不能。

語故事的人們往下走的動力。

但那次並不順利。

行禮如儀交換過名片的我，陶然忘我興高采烈在講第一個腳本的第一個鏡頭時，就被打斷了。砰地一聲巨響，站在投影幕前手舞足蹈專注的我，嚇得都跳起來了，我回頭看向會議桌，想找出聲音的來源，不過我都沒還開始找，答案就出來了。

因為客戶的行銷主管正開始大聲地斥責，「你們沒有跟他講嗎？我們不可以提到跟器官相關的字眼，不可以明示也不可以暗示！！！你們到底有沒有跟他講！」一開始，我一直在想句子裡的「他」是誰。想了一會兒，在巨大的音量裡，她環視會議桌上包括業務總監、業務經理等本公司的人員。每一個被她瞪視的人，都低下頭去看著桌上的文件，她瞪了一輪，唯一沒看的，就是我本人，所以我猜，句子裡的那個「他」，八成就是我。

現場所有人，包含本公司的總經理都把頭低下來，彷彿在散兵坑裡躲子彈，一片尷尬，因為客戶還沒停。彈火猛烈如同豪雨疾下，我一個人站在投影幕前，身上沒穿防彈背心，也沒有遮蔽物可以掩護，感覺就好像被子彈鞭屍。而且穿身而過時，我整個身體被那一顆顆子彈的動能帶起，飛到投影幕上，不斷撞擊彈跳著。客戶繼續念「我就說一個字都不能提，不然我們藥檢不會過……」我心裡想，以前也做過藥的廣告呀，藥檢不過，就微調文字再送，幹嘛這麼生氣呢？

眼看著場面似乎不可收拾，也似乎沒人想要收拾，我發現客戶的話語已經開始重複，表示她已經充分表達她的意見了，是時候該做個了斷（當然，我自己也厭倦了不斷地撞擊投影幕）。

我一臉笑，站到投影幕前，用手遮住腳本的旁白部分，「好好，我知道了，那我們先不要看文字嘛！」

現場所有低頭的人都抬頭了，而且一臉驚訝，當然很生氣的客戶也停住了，望著我大聲問說：「什麼？」

我繼續說，臉上仍帶著不合時宜的笑容（因為我想，除了笑我還能怎樣？難道要哭嗎？），「我的意思是說，您的提醒我聽到了，那我們就先不要看文案，我們來聽故事就好，因為有問題的是文案嘛，我們聽完故事，覺得哪個適合，再來調整文字就好了。」

「啊？」眾人都有點摸不著腦袋，但是執行創意總監常一飛似乎聽懂了，第一個對我微笑。

「Kurt的意思是，我們先不要急，先聽聽故事再說。」常一飛幫著微笑解釋。

「對呀，大家都來了嘛，就聽我講講故事啦！」我繼續如同無賴般地嘻皮笑臉，並開始講故事。

為什麼我敢這樣呢？因為我覺得我有用心，就算不完整，但我值得做一次完整的presentation。當我做完，對方也一定可以感受到我的用心，而且那用心是來自於愛，愛這個品牌。當我愛這品牌，我就和這客戶有了共通點，如果他是好客戶，他一定也愛這品牌。

不必怕客戶，要愛他

話說當我講完故事，這提案就順利通過了嗎？沒有哦，哈哈哈，我講完三個精采的故事後，我們還是得聽客戶提出哪些地方不足，哪些方向有點不清楚，但是可以清楚看到對方的面容緩和了許多。因為透過我們的故事，她可以感受到我們的愛，也許不是直接愛她，但至少我們跟她一樣愛她的品牌，而那就夠了。

後來，我和這位客戶每次的提案，她都非常感動，常常一次就通過。她願意和我們分享更多他們品牌操作上的苦處，甚至還願意撥出原本未被規劃的行銷預算，來做我們認為正確的事。一直到我都離開那家公司了，她仍舊關心我的發展，因為她認為我是一個會願意愛她品牌的人，而那樣的人不多。

動怒，或許是沒有安全感

我自己的觀察，當你遇到動怒生氣的客戶，你不必急著對抗。你可以試著理解對方的理由，尤其當對方非常生氣的時候，如果不是你過度無禮，那麼我覺得可能是他最脆弱的時候。

你打過球嗎？當你握有勝算可以掌握比賽的時候，你不會生氣的，就算對方得分，做了你不高興的事，你可能也不至於太生氣。可是當你處於劣勢，意識到自己可能會輸掉比賽時，發現你對眼前的狀況發展無法掌握時，你的情緒起伏就會大，很容易被影響。

我常看到很多人罵客戶情緒管理很差，那當然可能是個人修養的問題，但更多時候是他的品牌出現問題，他正面臨極大的壓力，他不知所措，他沒有安全感，他不知道事態將會如何發展，而且他沒有答案。

以打球來說，大概就是上半場輸了二十幾分，而且繼續在擴大。眼看著還有一節要打，最後搞不好會輸三十幾分的無助吧。那你覺得，當他請你來幫忙投籃，你也沒有投進，雖然這只是你投的第一球，但當你投不進時，你還期待他會跟你微笑說謝謝嗎？

不過，真正的愛是恆久忍耐，我不是要你忍受無禮，而是請你忍受無助。

試著想像客戶無助的時候，不就是他最需要你的時候嗎？如果你像你說的那樣聰明有智慧。當我們看見一隻小動物受傷害怕的時候，我們會伸出援手，儘管他可能會因為害怕而發出咆哮。當你面對客戶生氣的時候，你可以試著解讀成，他正在求救，你可以幫忙，而你也應該試著表達出你可以幫忙，也願意幫忙，因為你愛他的品牌。

下次，當你的客戶大發飆時，如果你覺得你並沒有做錯，先別急著也發飆，忍耐一下。試著想像眼前是隻可愛的小貓咪，被雨淋濕、躲在車子底下，被你拉出來要餵牛奶時，害怕的對你喵喵叫的模樣。

你可以伸出援手，就算被咬一口！

真愛，無敵啦！

我鼓勵你，停止抱怨客戶，更不需要過度地奉承迎合客戶。你們可以當朋友，不過是建立在你可以解決朋友的問題上。我說的愛，是真心誠意的愛，而不是要你講話特別好聽或願意陪他喝酒吃飯，你試著想你怎麼愛你的家人就行了，那才叫作愛。

你可以愛他，但最好是透過愛他的品牌，否則，你的可取代性很高。你想想看這世上有誰可以陪他吃飯喝酒就知道了，或許只要有嘴巴就行了，還不一定要有腦袋，這樣的人多的是，你的競爭對手會多到跨出這行業的範疇，且排列起來無邊無際。

用你的專業去愛你的客戶，相信我，好的故事會讓聽的人有好品味，而好品味會幫助我們賣出更好的故事。

用愛創造好客戶

那一定有人會說，如果客戶不愛這品牌呢？

好故事讓聽的人有好品味，
而好品味會幫助我們賣出更好的故事。

噢，那頂多表示他現在不是個好客戶，你也沒什麼好損失的呀，頂多只是不好的客戶不領情，對你的專業無傷。

但說不定，因為你的用心，可以感動他，讓他再度愛上這個品牌。

我遇過客戶比我們還灰心，整天只想要調職換到別的部門，甚至還問我業界有沒有別的缺，我相信他一定遇到許多委屈。

但是我們鼓勵他說，你做的可能是個爛品牌，我們做的也可能是個爛品牌，那不是你的錯，也不是我們的錯，那可能是貴公司的錯，也可能是這個產業的錯，當然也可能是整個環境的錯，但不一定全世界都知道這不是我們的錯。

可是，如果我們一起把這品牌做起來，講出動人的故事，那麼全世界都會知道，這是我們的功勞。

很簡單，因為你以前的人做不起來，以後的人可能也做不起來呀，而你做起來了。

後來，我們讓那個品牌拿到從來沒拿過的金獎，在通路銷售上有顯著的進步，在頒獎典禮上大出鋒頭，在報上被報導，這位客戶被許多行銷界講座請去分享。你說，他會不會感謝我們，會不會更願意做出更好的作品？後來，他甚至可能比我們更大膽，更追求創新，更有想法，成為業界一個有名的好客戶。

把客戶的品味養好，我覺得是件很有趣的事，而且這件事比想出好故事，更有成就感，更有格調，而想讓這麼棒的事發生，你要先有愛，愛你的客戶，愛你的品牌！

把一個品牌變成好品牌，很酷！

把一個客戶變成好客戶，更酷！

只要你有愛，

酷，就是你的名字。

2

用故事發生超友誼關係

我們每個人都在蠶食過去，

人們喜歡你，是因為過去二十年你的樣子與行為；

人們選擇你的品牌，

是因為過去十年或者五年你做對了什麼所創造出來的印象，

依存著過去對你品牌的認識，

人們選擇你的商品。

人們有自己的生活要過，所以他本來就不需要聽你說些什麼。更直白的說，你想要人家聽你說些什麼，你最好先有點什麼真材實料，而且這真材實料不是你的聰明才智，更不是你的億萬財富，也絕不會是你的銷售成績，因為這些都不關他們的 business。

很有趣的觀察是，許多幸運賺大錢的客戶，很習慣人家聽他說話，習慣祕書聽他的話，習慣職員聽他的話，習慣合作的廠商聽他的話，習慣他的通路聽他的話，到後來竟也習慣覺得一般大眾得聽他的話。

但大眾，也就是大家，其實沒有這個習慣。

沒關沒係的，憑什麼聽你？

尤其組織龐大，自認影響人們生活許多的老闆，更容易落入這種迷思。人們被你影響常是被迫的，因為是獨占或寡占市場，人們的選擇有限，所以被迫得在少數幾項商品或服務間選擇。那其實是制度設計或者階層流通的僵固所造成，並不是你有多好，最重要的是，銷售好並不意味掌有話語權。

你可能東西賣得很好，人們都使用你的商品與服務，但人們並不一定很尊敬你。

你若不相信，可以想想國家政府機關，說來可惜，多數時候都有這樣的情況。

耗費巨大資源的無效溝通，大量重複的話語只關注自身立場，卻構不成有效的力場，無法影響人，更讓人感到被打擾和粗魯對待，這樣好嗎？

許多企業都覺得自己的溝通很棒，因為市占率高，但其實這兩樣並沒有直接關連。你會說，沒關係，反正我賣得好就好了，可是如果事實上你在行銷的投資沒有幫助，甚至是減分，那不要做，省下來，賺的錢不就更多了？

「可是，行銷預算已經編了，不消化掉不行呀！」對，這是很可怕的問題，就好像錢花不完好可怕，我快嚇死了。如果你可以把那錢當做你自己家裡的錢用，我替地球謝謝你，當然你老闆也會謝謝你，說不定會用年終來當謝禮。

你說沒關係，我只要穩穩的花老闆的錢，穩穩的做沒效果的行銷溝通，穩穩的領薪水就好。對，那你最好祈禱老闆沒看到這篇文章。

如果你是老闆本人，那我跟你分享一件事。我們每個人都在蠶食過去，人們喜歡你，是因為過去二十年你的樣子與行為；人們選擇你的品牌，是因為過去十年或者五年你做對了什麼所創造出來的印象，依存著過去對你品牌的認識，人們選擇你的商品。

雖然可能你現在行銷溝通做得很差，他們試著原諒你，不是因為你很好，只是因為習慣，習慣購買你的商品，習慣使用你的服務，過去養成的習慣讓他們暫時不習慣沒有你。但不習慣也是可以習慣的，三、五年後，他們也可以習慣沒有你的生活，假如你現在做很糟的溝通，讓你的品牌侵蝕消逝直到灰飛湮滅。

那時，不被習慣的你，會習慣嗎？

追求還是追殺？

人和人的關係建立在許多元素上，有些是利益，有些是親情，那麼在這兩者之外呢？當你和對方無情也無義時，要蒙眷顧聽你一言，你至少該提供點什麼。

我覺得要人家聽你說些什麼，包括你對某些事物的主張，甚至因此改變認知，基本上就是種超越友誼的關係，難度很高。首先你們連友誼都沒有，而我們一般人對於朋友的意見，多數時候也不是都能照單全收。光意識到這件事，我們就該謙卑地對待「影響人」這件事。

沒有任何事是該理所當然的，沒有人理所當然該聽你說些什麼。真正理所當然的是，不聽你說什麼，因為你誰都不是，你連朋友都稱不上，你甚至可能只是個隱身在一個好像有名字但不太記得住、記住了也不太相信的品牌後的幻音。

要讓人們對你的主張理解，並動容，進而改變行為，這樣一個超不容易的超友誼關係的建立，我覺得說故事可以幫上忙。

我想以戀愛關係來形容行銷傳播，可能是個比較容易感同身受的例子。因為我們是在追求對方的心，在世界眾多的聲音裡，我們期待對方願意聆聽我們說些什麼，甚至認識我們，至少也可以記得我們，最好還能對我們有點好感，也可以幫助我們檢視自己的主張。

試著回想，談戀愛的時候，有誰是因為對方吹噓自己的能力很強而因此心動的？有誰是因為對方說我賺很多錢、銷售成績很好而傾心的嗎？

當你使用大眾傳播工具時，基本上已經是一個強勢作為了，就好像抓住心儀對象的耳朵說話。這時你講述的話語若不恰當，其實多少也算是言語暴力，更何況有許多品牌的媒體計畫為了呈現品牌大器，而刻意採取舖天蓋地的方式。先不談浪費公司金錢、浪費地球資源，光是近乎強迫推銷的方式，就好比在學校的每一處都死跟著人家，在對方生活的空間裡不管是上廁所、騎車、散步，甚至是為了放鬆而看看喜歡的節目時，硬要冒出頭來大聲說話，談的又不是甜言蜜語，全都只是自己有多好。對方光煩就會煩死，更別提有好感了，就算有印象，也是壞印象，搞不好，還會跟其他朋友說你有多煩，叫他們千萬別接受你的追求。

每隔一段時間，我就會在朋友的臉書上，看到誰大罵哪個品牌的廣告有多煩人，我想這就是網路時代消費者的反撲，而這力道，看起來雖然小，但絕對深遠，直達五臟六腑。因為，你說看看，我會聽我朋友的，還是聽一個沒有實體、與我無關又賺我錢的企業呢？

你一定可以負面表列出，哪些討人厭的講話方式，那麼這些就是你拿來要求自己不要犯的錯誤，我在這裡不提，不表示不重要，而是因為這比喻太清楚，你一定明白。

重點是，當追求變成追殺，總是不會有好下場。

請用故事，讓你追求的對象反過來追求你吧。

用故事，
讓你追求的對象反過來追求你吧。

風光的人生，還不如看到人生的風光，來得有魅力

你如何追求人，其實可以從另一個角度來看，就是你會願意被如何追求？也可以說你會被怎樣的人吸引，甚至反過來追求？我想，那可能就是說好故事的檢視標準吧。

你一定能想起生活經驗中那些充滿魅力的人，在學校生活裡，那些風雲人物，也許很會打籃球，也許相貌堂堂，也許成績優秀，也許待人親切。注意哦，這邊這幾項表列，其實都是產品力本身，並不是傳播內容。

做創意的人，要比別人更加理性，因為你自身的感性，需要在這世界中被理解。所以讓我們理性的使用科學方法來對話，我們假設兩個人有一模一樣的條件，也就是有相同的產品力，一樣帥氣，一樣很會打籃球，一樣待人親切，那麼對照如下。

「嘿，我超帥的，我那天打籃球得二十分哦，昨天統計學期中考拿八十五分，是全班最高分啦，還有我對人超好的，你要不要跟我交往？」

假如有人這樣跟你說，你應該會「ㄟ，呃……」，不知道要回什麼。

但假如另一個男生是在班遊烤肉時把烤好的肉片夾給還不太熟的你，或許不熟但開始對

他有點好感的你，其實就是參與了一個體驗行銷。再聽到有同學跟你說他上次返鄉在高鐵站看到這男生教老婆婆怎麼插高鐵票，那麼當然是口碑行銷（不過，在高鐵閘門前因為正反面插錯票，卡住擋到後面一大票人，是多麼尷尬，又是多麼司空見慣，又多麼不是消費者的錯呀）。當校際比賽時，籃球校隊的他，在進球後，迎著現場觀眾三千人的目光，手臂直直指向你，把這球獻給你，那麼他這第一次的表白，應該就是一個精采的故事，而且你是第一女主角。

你會問說，這本書不是要談說故事嗎？這些算是故事行銷嗎？

套句台南雙全紅茶在招牌上寫的，「禮拜天，當然休息！」那樣理直氣壯，那樣的精氣神，「當然是故事行銷！」請千萬不要以為故事只有用「說」的可能。把人帶進故事裡，是更好的方式，讓人身處於一個精采的故事中，那麼他不但會更有感受，也因為自身的參與，就會更願意去和其他人分享這故事，於是你就有更強有力的媒體了。換言之，不管是體驗行銷、事件行銷、活動行銷，或者是微電影，重點都在於要讓人有強烈的感受。

更何況，說到行銷，更是不容易。在這時代，你的商品和服務不可能有太大的異質化，卻想要人家選擇你，不管你覺得你的品牌有多麼獨特，但相信我，你和其他品牌的差異，絕對沒有大學裡同班同學之間的差異來得大，不管是外型、成績、幽默感、待人處世、家世背景，品牌間的差異都沒有那麼大，這時的競爭，就更需要創造出故事來呈現差異。

迷人的性格

幽默風趣，好相處，有想法，當然是種迷人的性格，但是，是不是只有這幾種？有時我很怕正面表列，因為彷彿除了我們列出來的可能，其他都不可能了，請讓我試著說明看看。

鬼魅可以嗎？

請問，如果一個品牌講鬼故事可以嗎？

我覺得當然可以。

大學時，我迷上講鬼故事，但我自己又沒碰過，所以很喜歡到處蒐集。記得我室友王祖輝跟我說過一個那時叫漢城現在叫首爾的城市怪譚。

他說，韓國跟台灣一樣升學競爭激烈，所以學生晚上都得補習到很晚，有個高中生覺得很困擾。每次他回家時都已十二點，據說是鬼魂活動最頻繁的時候，當他一個人坐電梯到四樓時，門總是會打開，但沒看到人，門又自己闔上。按照韓國的說法，就是有鬼已經進來跟你一起搭電梯了。

他每天都遇到，實在很害怕，又不知如何是好。

終於有一天，他想了一個好方法，就是不要自己搭電梯，他跟媽媽說：「媽，那你明天午夜十二點以前，就先下來一樓等我，我們一起搭電梯，我就不會遇到鬼了。」

那天晚上他回家的時候，遠遠的就看到媽媽熟悉的身影在燈火闌珊處等他，他心裡安心許多。看到媽媽很開心，就一路進電梯聊著學校發生的事，兩人有說有笑。

眼看著電梯又來到四樓，他停了一下，想看看門還會不會打開。欸，果然，電梯經過四樓，沒有停，一路往上。

他很開心，覺得長久以來的困擾終於解決了，於是跟媽媽撒嬌，手挽著媽媽靠著媽媽說：「媽媽，那你以後都來陪我搭電梯啦！」

媽媽一臉慈愛地轉頭望著他，微笑著回答：「你覺得我長得像你媽媽嗎？」

這故事我每次講，都會覺得從背脊一路涼上來，不管是夏天還是冬天，相信聽的人也是。這時，如果我們放上一個結語在故事的最後，「覺得寒冷的時候，來個心熱園」，是不是一個還不錯的廣告呢？

不要限制，限制級的故事

以這案例來看，鬼魅有什麼不好？

大學時，我就知道當我講鬼故事時，女同學都會圍過來，所以我才那麼能講愛講會講故事（天啊，為了這本書我竟然出賣自己的祕密），換句話說，吸引人不一定只能有我們常見的正面表列的那幾項。

以精采的故事，吸引人聽你說話，這才是我們要追求的，就算故事起頭不是正面陽光又如何？你的心是正面的就夠了，必須擔心的反而是，把正面當作形式主義，於是故事不只可預期，且乏然無味，那樣的行銷效果當然會比政令宣導更差。

悲情的故事可不可以？

當然可以呀，史上最賣座的電影「鐵達尼號」，從任何角度來看，應該都稱不上是幽默風趣的作品吧，但它卻吸引許多觀眾，創造影史上最多的產值。

你說那太遙遠，那麼二〇一四年全美最賣座的電影呢？哪一部？「美國狙擊手」，這樣一部呈現海豹部隊神槍手生涯的故事，最後也是悲劇作終。這樣一部單一角色的電影，甚至超越超級大製作「搶救雷恩大兵」，成為北美票房有史以來最賣座的戰爭片，全片沒幾處會讓人發笑，但真實深刻卻會讓人發酵。

就如同人一樣，只要你有故事，就會吸引人。別急著限制，那得是怎樣的故事，有時你以為的限制級的故事，才能讓你突破限制。

只有我的品牌可以用的故事？

當然，剛剛我胡說的鬼故事，你也可以換上任何會讓人感到溫暖的商品，比方說熱咖啡、暖暖包、圍巾，當然也可以是交友網站，只要是需要陪伴需要溫暖的品牌，應該都可以這樣操作。

這邊也分享一個迷思，常有客戶會在會議裡說，要是這個 idea 在故事最後換了別的商品 logo 還是成立，那這 idea 就不夠獨特，不夠切合這品牌，他們不要。

我的看法是，這樣的說法，對也不對。對的地方是，當然我們應該要努力尋求一個 idea 和我們的品牌十分貼近，好創造差異性。但不對的地方是，除非這個 idea 就只是在玩這品牌

差異來自於誰比較早掌握時代脈動，
說出人們心裡想聽的故事。

名的文字遊戲，否則，這樣一個好的故事，當然能夠適用在不同的品牌。

我的意思是，把愛迪達的廣告最後 logo 換成 Nike，難道不成立嗎？Impossible is nothing 和 Just do it，從廣義來看，都是運動精神的詮釋，當然故事素材也都會適用呀，差別只在於誰的品味好，誰的運氣好，在對的時機先用了。

有時我心裡不免納悶，若把剛剛那種邏輯套到商品生產上，假如你的商品換了個競爭品牌的 logo 也適用，你就會拒絕這樣的設計，拒絕生產這樣的商品嗎？

其實，因為我們處在一個資訊快速流通的時代，不管是商品設計或是行銷，都面對一個難題，即所有人都有機會和資源做出好的作品。相對於以往的進入高障礙，現在每個品牌都有能力創造精采的品牌故事，而且同質性愈來愈高，這其實符合熱力學的定律，萬物會趨向一致。

也就是說，這時我們更需要努力去創造出品牌間的差異，但那差異可能來自於誰比較早掌握時代脈動，說出人們心裡想聽的故事。

好故事你不珍惜，嫌棄不講，別人馬上就會講走，而且就變成別人的了。你再講，就是抄襲，那傷害更巨大。

用精采的故事建立關係，並在提高標準的同時，不要限制故事的調性，否則，你只能想到些平庸、政治正確但在這世上可有可無的故事。

交往的必要條件

最後也是最重要的，任何時候，你決定要不要與對方交往的必要條件，就是對方愛不愛你，所以，說故事的技巧很重要，但說故事是不是帶著一個愛對方的心更重要。而且很奇妙的是，對方一定知道，你愛不愛他，那決定一段關係的建立。

當你要和聽故事的人建立關係時，你最好先確認，你的心是向著他的。你若想讓對方聽到故事的奇妙之處，你想打動對方，請先把你的商業利益放下，就跟臭男生追女生一樣，先把你那些個不太正當、說出來會害羞的目的放下（我沒說齷齪下流哦，是你說的），把故事講好，先抓住對方的心，儘管你再努力都只有一下下。但那一下下就值得了。

就跟戀愛一樣，一刻成永恆，

好的故事一下就讓你永生。

至少，不會死得太難看。

3

故事當然是精神食糧，你要把人餵飽

新觀點，可以是不同的視角，
也就是來自不同的角色看世界的結果。
你可以把自己的觀點當作最後才要用的觀點，
每天強迫自己從別人的角度想事情，
這是一個簡單但實用的技巧。

「人心不足蛇吞象」，小時候聽到這諺語只感到可怕，後來發現「小王子」裡也有這中外相同的說法，只是用一個帽子般的圖像呈現，好像可愛許多。我認為，人對於故事的需求，也是極為貪心的。

你只要看看孩子的反應就知道，當我講一個故事，一開頭只要孩子們聽過，他們一定馬上反應，大喊「聽過了啦！」、「哎呦，後來他就吹笛子，大家跟著他走……」此起彼落的抱怨聲，讓人好沒面子。

你給的，不一定得是人們要的，但該是好的

你的故事，是不是也是這樣呢？想像當你的廣告在電視上在網路上播放時，螢幕對面的觀眾也是這樣的反應，「哎呦，老梗！」、「好無聊噢！」，雖然你看不到聽不到，但不是很不愉快嗎？

人們喜新厭舊，期待著迷、引人入勝的故事，更重要的是，他們沒有耐心，跟孩子一樣，甚至比孩子更煩躁。因為大量的資訊刺激，他們的胃口變得比以前更大，渴望被啟發，期待被感動。我們比起以前的說書人，更要有點東西，否則你以為你是隻大象，但人心會把

你吞掉，不見蹤影。

儘管現代人習慣大量激烈的聲光效果，但我不認為我們需要給出的，就非得是那樣驚世駭俗，卻沒有太多深刻肌理的東西。3D只是種效果，但比起格林童話故事，可能在人腦海裡還沒那麼立體呢。

特效會消失，尤其當周圍都是特效時，你的特效就沒那特別了，頂多只能叫做效果，而且對人們可能沒什麼效果。

當然我們得更努力，因為要和世界上那麼多聲光效果競爭。但是還好，說故事是項古老的技藝，我們可以倚靠彼此的盼望，在人的腦海創造出新的記憶，因為科技雖然會進步，但人性和五千年前是一樣的。

你有什麼新觀點？

一般麵包吃了會飽，但精神食糧就不一定了，世上多的是貧乏的精神食糧，差別可能不在於量而是質。關於精神食糧的質與量，比喻實在太多，我覺得最爛但也最容易感受的是，一百個醜女和一位美女在腦中創造的風景。或者，避免性別歧視，可以改成一百個醜男和一

你的故事愈有愛，
就愈能在細節處打動別人。

位帥哥，當然也可以為了避免流於表面外型淺薄，可以是一百個笨蛋和一個天才創造的風景。總之，一個新觀點抵得上一百個老梗。

新觀點，可以是不同的視角，也就是來自不同的角色看世界的結果，所以我鼓勵大家多做練習。你可以把自己的觀點當作最後才要用的觀點，每天強迫自己從別人的角度想事情，這是一個簡單但實用的技巧。

坐上計程車時，試著從駕駛座看「你搭車」這個事件，你會用什麼言語描述這過程呢？你會如何從這個乘客的談吐和目的地來推測判斷他的故事呢？或者你也可以用第三人稱的視角，客觀地來看你和司機的互動，描繪一段萍水相逢，還是外星異種生物接觸？總之，去鍛鍊自己說故事的肌肉，它就會愈長愈大。讀過生物學的人都知道，成熟的生物，細胞數不會增加。換言之，我們其實不是長肌肉，而是藉由重量讓他收縮的同時，細胞本身變大，想變成故事界的大人物。好消息是你不必靠身家背景，更好的消息是，你可以自主訓練。

當然你的觀點也不盡然非得是人，你也可以是那部車，也可以是那個紅燈號誌，光去找尋並選擇不同的敘事觀點，就可以增加你的創意自由度。我們說一個人聰明，有時不是說他知道很多事情，而是他的大腦柔軟度可比奧運體操選手，

故事競技場上，體諒是最強壯的體能

更進一步說，重點從來不是說故事的技巧，而是你能不能愛人如己。當然這個目標很難達成，但是當你愈能理解體諒別人時，你的故事就愈有愛，就愈能在細節處打動別人。因為你不再只是你，你可以是他人，一個心裡有他人的人。這樣的人，就算不是人見人愛，講的故事一定有愛。

要是你可以試著描述，並同理你的敵對者的觀點，那麼你的說服能力一定更強。嚴格說來，你就無敵了，不是因為你很強壯，而是因為沒有敵人。我們總是捨不得自己輸，所以無法贏。但在說故事的領域裡，其實，只有誰能感動更多人，誰的觀點較新，誰的觀點叫心聽話，誰就是較棒的說書人。沒有競爭，沒有對抗，只有誰有心血管疾病、狹心症，誰較難成長進步。觀點的選擇來自心境，你愈理解人，人愈想理解你。

故事當然是精神食糧，你要把人餵飽。
那是你的天職，更是你的價值。
只有心，可以餵養心。

4

你是斑點鈍口螈嗎？

每家廣告公司都會加班，而筋疲力竭加班到凌晨後，
當然就需要安心的小黃載大家回家。
也因為筋疲力竭，所以大家難免會在車上談論公事，
或者公司裡的私事。
總是被誤認為高科技無人駕駛的計程車，
這時便成為一個無神父的告解室。

前段時間，我躲在台南陪媽媽，名義上是為了專心寫作，但事實上是為了躲避台北冬天的濕雨霉氣。多數時間我都在太陽底下跑步、打球和泡咖啡館，朋友說我愛偷懶，我總開玩笑說，我是為了吸收太陽能，好轉化成能量。

沒想到，那天在南十三咖啡館學到，真的有動物可以行光合作用。

世上最強的力量是光合作用

話說，我那天本來是要專心寫作的，沒想到，最後卻一個字也沒在咖啡館裡寫出來。但我一點也不感到可惜，因為我認識了一個新物種，叫作「斑點鈍口螈」。

我們平常老是覺得獅子老虎很兇猛威風，但老實說，你問牠們看看，要是沒有植物，牠們能活嗎？你說牠們又不吃素，對啦，那牠們吃的動物又是吃什麼的？事實上，身在生態系食物鏈的最上方，假如沒有其他技能，是很容易因為環境變化而面臨死亡的。

獅子老虎要是沒有其他動物可吃，就會餓死。植物卻不必整天為食物發愁，只要陽光空氣水就能活，雖然看似不能移動，坐以待斃，但一來斃不了，二來他們要是斃了，所有生物大概也一起斃了。植物的大絕招就是光合作用，作為我們生態界裡最重要的生產者，藉由光合作用，把陽光和水，轉換成能量，因此能照顧所有生物，說起來，他們才是老大。

所以其實，哪天想刺青時，可以考慮刺能照顧獅子老虎的植物當圖案在身上，因為你可以嗆別人說：「欸，你是我在照顧的哦！」

不過，當植物似乎有點悶，而且當環境氣候大幅度改變時，因為不能大幅度的移動，多少還是有死亡的威脅。若是遇到無良的人類，會完全不是為了攝取營養進食，而只是為了好玩，就把對方給摘下來，植物還是有點吃虧。

史上最強生物

我一直在想，要是有種動物，還可以行光合作用，那就生存而言，不就是天下無敵了？不過從小的生物學都告訴我們，光合作用是植物的專利，動物們想學都學不會，因此那天在南十三咖啡館裡，文哥說有可以行光合作用的動物，還真覺得認識終極悍將了。

隨著他拿出圖鑑來，我當場驚呼，原來科學家近年來發現，這個學名叫「斑點鈍口螈」的小動物，身上色彩燦爛的斑點裡面有葉綠素，而且確實能夠行光合作用，提供他們養分。

等於背個自有的發電機在身上，只要有光就可以合成養分，又可以自由活動，不像植物會被傷害，這才是生存之道的強者啊。

想一想就覺得羨慕，真想跟他一樣耶！這樣就不必為五斗米折腰，肚子餓就去曬太陽，吸收太陽能，睡個舒服的覺起來就飽了。

不過，作為一個說故事的人，確實可以從斑點鈍口螈上學習很多。這世界充滿養分，只是我們常常不認真吸收，甚至視而不見，坐讓故事從我們身旁流過，要是我們能跟他們一樣，隨時提醒自己，把細胞的門戶打開，隨時吸收如光般流洩照射在我們周圍的故事，就能轉換成能量。

當我們被生命的光照得暖暖的，我們可不可以行光合作用，把能量儲存起來，在必要的時候，餵養自己，更能夠把溫度傳給別人，帶給別人光亮？

更重要的是，我們還可以四處遊走，隨著光線變化，哪裡有光往哪裡去，故事取之不盡用之不竭，還可以在需要我們能量的黑暗角落，適時伸出援手，分享故事，分享光明。

你是斑點鈍口螈嗎？

我努力成為一隻。

世上有許多正在綻放故事能量的光源。隨便舉個例，你可以想想看計程車司機一天的生活裡，有機會接觸到多少人，或者更精確的講，多少故事？

假設一位從機場出來的外國女子，遠赴重洋，來到這陌生的土地，只為了跟多年來通信視訊卻第一次見面的男子相守一輩子，誰會是第一個聽到這故事的人呢？我想，計程車司機的機會很大，光這點，就讓我曾興起當司機的念頭。

而故事可能在發現那男子所留的地址是中正路五段而結束。

因為全台灣的中正路，都沒有段，據說，是因為中正不可以被碎屍萬段。

計程車司機知道所有廣告公司的動態

當然，只要你做過廣告，一定聽過這個城市怪譚，台北市的司機其實對於各種行銷計畫，甚至廣告腳本的品味都極高。是這樣的，每家廣告公司都會加班，而筋疲力竭加班到凌晨後，當然就需要安心的小黃載大家回家。也因為筋疲力竭，所以大家難免會在車上談論公事，或者公司裡的私事。總是被誤認為高科技無人駕駛的計程車，這時便成為一個無神父的告解室（注意，不是腳底按摩的「吳神父」哦）。

辦公室大小事都會一洩而下，不管是極高機密牽扯多少商業利益的比稿案，或是某某上司和下屬的愛情八卦，甚或，最近哪個優秀好作品的發想過程，或者哪個創意大咖要跳槽到哪家公司，計程車司機都一概接收，毫無遺漏。

有時我覺得業界的人事部門主管，其實，應該交給計程車司機來做，至少可以找他們做referrence check，想打聽誰的素行，一定精準無比。

但回過頭來講，不只計程車司機，生活裡各種人物，遍地都是故事，我們不可隨處便溺，但應該要隨處行光合作用，好好吸收。

假如我們確知我們是人，而且清楚說故事的對象也是人，那麼會有什麼立即且確知的條件產生呢？

首先你的故事應該得是說人話。這雖然無庸置疑，但很奇妙的是，我們在工作的過程裡，很容易就忘記。有時一股腦兒地只想把專業術語拿出，有時因為想呈現品牌的大器卻顯得自大驕傲，也有時很容易把廣告做得很像廣告，而這麻煩就在於人們往往不願意傾聽廣告，更別提接受廣告。

讓我們互相提醒，當你有個議題想要與人討論時，那其實該是一個非常讓人激動的時刻。想像ＥＴ來到地球，伸出那長長的發光手指，做第一次接觸，照理說，高度智能生物，對於分享應該要極度興奮，而且應該要試著講地球的話語，好讓自己的意念能夠表達，再不濟也不該擺出高等生物姿態，否則「溝通」最後都會變成「有溝不通」。

用故事贏得人們的心

試著從聆聽者的角度出發，拿掉所有艱澀字詞，拿掉所有想凸顯自己品牌的自傲，用對方感興趣、聽得懂的語言，人們是來聽故事，不是要聽你自我介紹的，更不會想知道你的產品特點（對不起，很殘酷，但卻是真的，你願意在搭捷運時聽身旁素不相識的人講他國中考試九十幾分的事嗎？），不要每講一句話，就大聲嚷嚷「我盧建彰……」，品牌不是這樣操作的，那是一種驕傲的打擾，而且無法創造任何連結。

當你是個絕緣體，別人也會跟你絕緣。

當你講出一個好故事，人們當然會想知道並記得你的名字。

反之，就算你不斷提你的產品功能疲勞轟炸，人們不但不為所動，更只有厭煩，記得午睡時分，穿梭巷弄用大聲公大聲放送著「修理紗窗紗門」的小發財車嗎？要是他們用十倍音量放送呢？你會因此更加關注，你會轉而分享嗎？小心，你不在意對方而大量投注的行銷預算，只是更大力的砸自己的腳。

不要讓你的自尊凌駕在故事之上，要用故事贏得人們的尊重。

無法連結不能導電，就算裡面有再多能量，也只是個壞掉的電池，再巨大，也只是占位子。

當你是個絕緣體，別人也會跟你絕緣。

還是作隻可愛的斑點鈍口螈吧。

5

困境建築師

只有真實原味才有機會感動人，
必須經歷過那許多的掙扎，
也就是說，當你讓對方的七情六欲被看見，
在最後這個人物的選擇才會有意義。

故事的說法有很多種，但基本上都是一個追尋的過程，也就是主角有一個目標，但因為怎樣的困境，所以他必須克服，而克服的過程裡，他又會經歷怎樣的挫折，終於在經過犧牲嘗試後，得到美好的結果。儘管這美好的結果，不一定是主角原先預期的。

這是基本的戲劇理論，也幾乎能套用在你看得到的各個故事上，包括從小到大讀的童話故事，當然重點在於你的故事有沒有靈魂，而靈魂就在困境裡（這算哪門子名言？不知為何會有掉入火坑的視覺聯想？）

愈能創造困境，愈沒有困境

你想凸顯主角人物的性格，首先，當然不是要想困境，而是要想清楚你想傳達他的哪種特質，是誠實呢？還是勇敢？或者是樂觀？總之，想清楚你要表達的是什麼，不要急著去想故事，知道你要對話的點後，才去思考故事。萬事起頭難的意思，不一定是起頭比較難，而是起頭很容易搞錯方向，當你確切知道想傳達品牌的哪個特點後，故事才有機會開始發想。

「疾風知勁草，路遙知馬力」，這話一點也不錯，而那基本上就是說故事的核心價值，藉由困境好讓故事主人翁（不一定得是人）在這個環境裡的反應，表現出你想要人們記住的特點，而且最理想的方式，是不要直接說出那個特點，讓人在看完故事經過之後自己聯想到，一來他們會覺得更有成就感，二來才不會流於政令宣導，這會是比較高明的作法。

政令宣導是你的敵人

什麼是政令宣導？就是簡單地陳述這人物有多成功有多麼棒，對世界有多大的貢獻。放心好了，我們都知道過去的政治領導人多常用這樣的方式，也知道那效果有多麼地邊際效用遞減。

當然，你的目的是想呈現一個角色有多完美，但直說不是無妨，而是大忌，誰都不喜歡老王，我說的是那個賣瓜又自誇的。所以，你要試著呈現的是這角色的軟弱，沒錯，軟弱，而不是無敵鐵金剛般的堅強。因為你要對話的對象不是三歲小孩，每個人都知道堅強是怎麼回事，就是在每次動搖的時候，還是選擇不動，而動搖的時刻，才是最能體現人性光輝的時刻。

把掙扎給放大，把捨不得犧牲的捨不得給表現出來，才會讓主角像個人，也才會讓人願意看下去，因為覺得對方像個人。這絕不是說人們喜歡幸災樂禍，而是人們尋求理解另一個人的遭遇，藉由同理心，讓他們也看到自己的生命有機會有意義。

因此在創造人物的困境時，一定要務求真實。你可能會說，我們每天都在經歷困難，怎可能不真實？因為你在述說故事，所以很容易便會想以「故事」的方式呈現，總想隱惡揚善，卻忘了痛苦、失敗、想放棄、想犧牲別人都是人性必要之惡，有了這些，人物才會立體，才會像個人。而只有真實原味才有機會感動人，必須經歷過那許多的掙扎，也就是說，當你讓對方的七情六欲被看見，在最後，這個人物的選擇才會有意義。

最直接的，最直接不命中

最危險的說故事方式，是為了呈現一個品牌的大器，所以讓人們親眼看到有多大。那除了容易創造反效果，讓人感到厭惡外，最重要的是，限制了人們的想像力，好像視覺上看到有多大，就只有多大。與其那樣，若要看到一個人物的偉大灼然，不妨盡力思索觀察細微之處，當你把那件小事以充滿人性的方式詮釋出來時，人們就能見微知著，由小觀大。盡可能以外界的反應和環境來呈現主體的樣貌，讓主體隱身在其後，才是高明的講故事方法呀。

過度的歌功頌德，一味討好，只呈現品牌或主角的強大處，是高風險的行為。會覺得這樣故事很精采的人，一定是有直接相關的。也許是下屬，也許是員工，當然也可能是老闆自己，千萬不要相信他們，但也不要責怪他們，因為他們立場不夠客觀，而且顯而易見的事容易做。

一帆風順的故事，只讓人厭倦，並且不可信。沒有困境更令人覺得主角本身順遂，這故事沒什麼好說的，人們也沒什麼好聽的了。困境設計得不好，會讓講故事的自己陷入困境，因為聽故事的人太可預期事件的發展，因此就不會想再看下去。

貧乏無味的食物，吃了沒有飽足感。

沒有興味的故事，也是。

思想是種犯

昨天我遇到一位先生，他跟我說，他有一次去腳底按摩，結果按摩師父說：「先生，你會長命百歲哦！」他笑著說：「是嗎？」不以為意。

沒想到，後來他竟被抓去，成為白色恐怖的受難者。同案的另外三人，都被槍斃，而他當然是活下來了，所以才能跟我講這故事。

「那你是犯了什麼罪？」

貧乏無味的食物，吃了沒有飽足感。
沒有興味的故事，也是。

「沒有啊，同村的幾個老師，他們起了個讀書會，叫我參加。結果，後來他們被密告，就有一個被抓去，那人就把其他成員名字都供出來，但我因為都在工作，沒有時間去參加讀書會，所以就沒有被槍斃，只是被送去關，做思想改造。」

「啊？」

「在那個改造所裡，有很多人很可憐，有一個是菲律賓華僑，他都沒有親戚朋友，我就照顧他，他說菲律賓的小偷都罷偷。」

「什麼罷偷？」我好奇的問。

「啊就罷工的罷偷呀，因為菲律賓的警察，都會抽小偷的成，本來抽百分之十，後來漲價，就要百分之二十，小偷們就集體罷偷。」

我覺得，改造所裡似乎有很多故事，而且我們都沒聽過。

「還有一個呀，是在開小船送水去給大船的，因為他老婆長得很漂亮，就有人嫉妒他，半夜裡趁他在睡覺，把繫在大船上的小船繩索解開，他就漂到金門去了。」

「所以呢？」

「他就被抓起來啦！」

「為什麼？」

「因為他是大陸人呀。」

「啊！好倒楣噢。欸，可是這樣不算是投奔自由嗎？不是會有賞金嗎？」

「對呀，可是他被救上岸的時候，人家問他說你是不是要投奔自由，他說不是呀，他是因為船的繩索被解開了，不小心漂到金門來的呀，結果，就被關起來，送來思想改造了。」

「啊，好可憐。」

「對呀，我也覺得他很可憐，又沒有人要幫他，大家覺得他是大陸人嘛，無親無故，又很老實，我就盡量幫他。後來我出來以後，開輾米廠，那些一起被關的同學，也就是思想犯，都會來找我敘舊。他們都找不到工作，因為老闆們不敢聘用，怕被政府找麻煩，我就把他們找來我的工廠，讓他們上班。」

「喔，你不怕噢？」

「我想說，我們又沒有做壞事，而且我了解他們，他們不是壞人。」

「後來呢？」

「後來，我就活到現在了，那個按腳的，說我好心，會幫助別人，所以會長命百歲。」

這位跟我聊天的先生，聲音宏亮，一桌子十幾個人他的食量最大，但他的年紀也最大，其他人都少他二、三十歲，他今年九十歲，他講的故事已經有六十年了。

他是我妻的祖父。

也許，在故事的世界裡，與其說主角有多好，不如，讓其他人來說。

在故事的世界裡，與其說主角有多好，
不如，讓其他人來說。

延伸閱讀

認識我的人都知道，延伸閱讀才是重點的重點，就跟開玩笑一樣，最後一擊的回馬槍，常常可以停留在腦海裡很久很久。

剛剛的故事，當然是一個人的故事，那可不可以運用到品牌上面，成為品牌的故事？當然，可以。

「讓你的記憶歷久彌新，XX記憶卡」

當你的影片最後放上這文字，加上品牌的Logo，那麼人們當然理解你的產品特性。而這影片，不管是以紀實的方式，請一位九十高齡的老人與一個年輕人聊天的方式拍攝，或者是以再現的方式，把過往曾經發生的事，隨著老人的旁白演出來，都可以的，那只是導演企圖和美學的選擇，完全不影響這故事的力量。

「幫助，更長久，○○電池」

是不是也成立呢？換句話說，當你有一個好的故事，其實，你就能適合很多品牌，差別真的只是哪個品牌先想到，並有勇氣和氣度去使用。

「好心，好健康，KK心血管保養品」

我想，拿這故事來談心臟的保健食品，也是恰如其分，同時也能夠拉抬品牌的高度，讓人不單只是記得這商品的功能，還能理解更高一層的精神層次。這樣，不是比什麼演出大山大水，更能展現品牌的大氣度嗎？

「時代裡總有風浪，良善是最好的永續經營，AA投資金控」

如果給銀行品牌來操作，談他們的企業理念，也能帶到他們可以借貸幫助社會上需要資金的人們，又能談到永續經營的企業願景，比起刻板的銅臭味，應該會多許多人味。我想，應該比放一大堆人在鏡頭前面奇幻、不實在的笑，然後搭配生硬的文字，來得有魅力些吧。

好的，以下開放企業品牌認領這故事，歡迎與我本人聯絡取得授權執行。哦，不，應該找我妻的祖父，雖然他已九十歲，不過他會等你們的。

當困境被建築創造，故事就好消化，韻味在，回味就一甲子了。

三

故事以外的故事

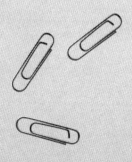

1

你的習慣，決定你

你想說故事，那你對故事的品味如何呢？

你一個星期看多少書，

你不看書會不會不舒服？

你一個星期看幾部電影？你是不是會努力排出時間，

讓自己接觸世界上的各種創作？

你每天花最多時間的事，就會決定你是怎樣的一個人。你每天看電視，你就會成為看電視的專家；你每天逛街，你就會是逛街的專家；你每天上網，可能有機會成為看FB的專家，重點是你想不想成為那樣的專家。

小時候，爸爸就跟我說，打架要慎選對手。一來，最字面的意思是，選錯對手，你會被打得很慘。不就說宮本武藏畢生不敗的原因，在於他從不和比他強的對手打嗎？欺負弱小，才能攻無不克呀，這話聽來有點不公義，還是別太放在心上好。

當然，長大一點，我才知道，爸爸的意思是，你，遲早會變成你的對手的樣子。

天啊，想到我要變成鄰居那個又胖又髒，出口就髒話，不講髒話就只會動拳頭的臭男生，我就不想打了。

但更進一步的說，你浸淫在怎樣的競爭裡，其實就決定你是怎樣等級的傢伙。

在創意的世界裡，你的眼睛，確實也會決定你的世界。

你想說故事，那你對故事的品味如何呢？你一個星期看多少書，你不看書會不會不舒

你每天花最多時間的事，
就會決定你是怎樣的一個人。

服？你一個星期看幾部電影？你是不是會努力排出時間，讓自己接觸世界上的各種創作？

你一定可以找到一萬個理由說你沒有時間、沒有金錢做這些事，但還好，其實也沒有人在意你是不是有做這些事，唯一在乎的那個人，是你。所以，如果你放棄了你自己，不必擔心，一點也不會怎樣，不就只是你放棄了你嗎？這世界繼續在前進著，只是你沒有更好一點而已。

可是，反過來說，如果你好一點點，會不會，世界就立刻變好了呢？應該是哦，雖然別人不一定察覺得到，但你確實知道，你進步了，你變好了，那世界當然是變好了呀，恭喜你，你就是拯救這世界的英雄，你讓世界不一樣了。

運動帶給我靈感

我一直相信運動的好處會多過壞處許多，尤其《聖經》說身體是神的殿，當然更要好好保養，不過說起來，運動多數都很能帶給我樂趣，更別提可以減壓，保持好身材。

我那麼鼓勵運動的原因，還來自於，會運動的人不無聊。

運動比起其他事情，更加需要練習，你先天體能再好，沒接觸過籃球，我就不信你當下就能百發百中。你終究要經過長時間的練習，才有機會百步穿楊，甚至用精采的運球擺布對手，但練習都是無聊的，你得要耐得住性子。

就算是看似仰賴先天體能的跑步也是，你得靠著自己跑，無法靠別人跑，而跑步的樂趣真的得靠自己營造。再會跑的人，還是得自己面對時間，得面對氣喘吁吁，所以你必須發揮自己的想像力，好支持你的毅力。不管你想到的是，我已經跑了四分之一，也就是一半的一半，所以只要再跑跟剛剛一樣的距離，我就在回程了，就超過一半，就快結束了。也可能，你想的是，我要跑到看到第十台藍色的車才結束，這都是你自己發明的遊戲，都是倚靠你的創意能力而發生的，而這，不就是所有人類發明的來源嗎？如果你常跑步，不就有更多練習創造的機會嗎？

更何況，我許多 idea 都是在跑步的時候想出來的，因為規律的運動幫助腦波穩定，而穩定的腦波，才能有效思考，並因此攫住空氣中一閃而過的靈光。我幾乎每一個重要的作品，都是在跑步時想到。

而且對於創意最重要的條件，耐性，更是一大鍛鍊。當你都不怕十公里了，你怎麼會怕想不出東西來呢？

說故事的習慣

許多人會問說，要怎麼把故事講好，我會說，那你講一個來聽看看呀。大家常會故意問一些自己明明知道答案的問題，比方說，怎樣才能瘦？真正有效的答案，你都知道，只是不肯去做而已。你請教別人，以為可能會有別的答案，但事實上，對別人而言，也沒有別的了，真的要說說別的，很可能就只好騙你了。

說故事也是一樣，就是說呀，多說。當你說的時候，你就知道自己說得好不好，你就知道該怎麼說，要說些什麼。

因為對方會給你反應，人的表情不會騙人。你講得很無趣，人們可能會客套，但表情是清楚的。至少你自己會看得很清楚，於是你就可以記下來，我講了什麼對方面無表情，我講了什麼，對方興致勃勃地想聽？我說故事的順序可不可以調整？更多時候是，當你講出來時，你自己就知道了。

說故事跟組織能力有關，跟邏輯有關，跟互動有關。你當然可以用行為科學去解析，但更重要的是，你需要魅力。而說故事的魅力跟世上其他的魅力可能有點不同，它是可以被訓練和創造的。

習慣說故事，習慣聽故事，
故事就會來找你。

最重要的是，習慣。習慣分享，習慣對話，習慣接收別人的故事，習慣給出自己身上的故事，當你習慣這些時，你就可以等著讓別人來分析你說故事的魅力了。

習慣說故事，習慣聽故事，故事就會來找你。

因為故事也想被好好說。

2

誠實比最好的謊話還動人

「不好意思，上次你們說一個月，

我們說好，那就一個月，

其實那是狗懷孕的時間而不是人的，

所以做得不符合理想，這次你給我們兩個月，

我們一定會做得更好，像人做的。」

如果你要求自己一天只工作八小時，或者你要求自己下班前完成工作，好處當然是，你既然完成工作，你玩的時間也增加了。更重要的是，你不會埋怨工作帶給你的箝制，你不會覺得是工作讓你沒了女友或一直沒女友，你不會覺得工作剝奪了你的社交生活，你不會認為工作壓抑了你的熱情，你不會那麼常覺得自己應該要換工作。

哈囉，我現在講的不是完成工作的效率問題，我現在說的是，你和工作之間的關係，你和社會之間的關係。

我們很討厭工作的工時太長，撇開所有外界因素，你難道能說自己毫無責任嗎？

你難道沒有在上班時間看和工作無關的臉書，看BBS上鄉民奇妙的回文，看購物網站這週厲害的出清？

如果有，那你加班，可以都怪別人嗎？

你會問我說，這和講故事有什麼關係，我要說關係大得很。

不要再騙自己了。

當你和世界的關係，很多時候是彼此厭惡的，甚至是不得不然的委屈，我深深覺得會影響你想故事。

因為你不想上班，你上班的路上都在抱怨，你想著辦公室裡每個人都好討厭，比你大的臭屁壓榨你，比你小的自傲不聽你。

因為你不想做你正在做的事，你只好欺騙自己，相對來說，你成了一個不誠實的人。

而不誠實的眼睛，是看不見誠懇的。

對自己誠實

你看不見公車上老夫妻互相牽手怕跌倒，而這牽手已經有五十年，因為你火大今天又加班了，而這加班是因為你整個早上都在看臉書沒有在工作；你看不到打掃阿姨仔細擦拭垃圾桶內側看似無意義卻好踏實充滿自尊的動作，只因你在度爛老闆剛又交給你新工作，就算老闆完全是因為想給你一個機會好 promote 你。

我說的，不是工作本身會如何，工作本身就那樣。

雖然你覺得被壓榨是為了賺錢，雖然工作的原始定義是付出勞務換取金錢好再換取快樂，而你去工作的最終目的卻沒有快樂。

但我最害怕的是，當你不愛這世界，你怎麼看得到這世界的美？

小時候最愛看的「玫瑰之夜」。每次分析靈異照片，都會有位老師出來講，「從靈界的角度來看捏……」我妹就問我：「他怎麼看得到？」我說大概因為他也是靈界裡的人吧。

開玩笑的，不好意思呀，這位老師。

人多少還是得誠實點，該吃飯的時候吃飯，該睡覺的時候睡覺，該工作的時候工作。

就算沒人在看，但你自己知道。
就像用假包的，世界上至少有兩個人知道，一個是賣的人，一個是自己。
對自己誠實點，當你該觀察世界的時候，你就觀察世界，然後得到很多很多故事。

對彼此誠實。

不誠實的眼睛，是看不見誠懇的。

舉一個血淋淋的例子，在廣告行銷業愈來愈常發生。

客戶會騙他們的合作夥伴、廣告代理商 campaign 發動、廣告片上片的時間。他們會告訴代理商一個較早的時間。

你會好奇，為什麼需要提前？

有人會很大聲且義正辭嚴地說，因為要預留修改的時間。

但是，其實他們沒有意識到，自己付一樣的錢，卻拿到品質較差的故事。

很簡單，所有人的時間都被壓縮了，當原本有三個月變成只有一個半月，那思考的時間變短，思考的品質不就會變差了？

而且，我覺得最可怕的後果，還隱藏在時間的和品質的背後，當你不給你的合作夥伴合理的時間，你馬上必須承擔一堆人私下對你的罵名，而這沒有人會當面告訴你。所以你的東西就在一個很差的氣氛下被孕育，被強迫要在短時間內生出來。

有幾種結果：

第一個就是他發育不完全。他可能少了手腳，所以當你拿到時，你不滿意，誰要一個沒有手腳的東西呀？然後你再氣沖沖的花掉你原本預留的一個半月，想方設法地去把它的手腳給要求出來。過程裡，一下子有了手卻少手指，一下子為了有腳卻變成三隻腳，最後，你花了一樣多的時間可能還多一點的金錢，然後得到一個修修改改、所有人都不太喜愛甚至滿懷怨氣的東西。這樣的東西當然稱不上完美，稱為咒怨，可能還比較適當。

另一個可能的結果，為了讓它合乎這不合理的時間，同時又想完整，所以被創造出來的是小狗狗。啊小狗狗好可愛呀，對呀，我也覺得，常常那是充滿創造力的結果呀。

但是對本來期待要孕育出一個「人」的客戶來說，那會是一個過大的驚喜。於是，客戶開始進行修改的動作。但這手術實在過度巨大，他們的需求是要讓它有人的表情，有人的行為能力，所以做了移植手術，把人的手腳接到狗的身上，把人的臉貼到狗的身上，最後看起來好像達到了目的。但這活物，活不久。

還有一種可能，通常發生在專業且熟練的廣告代理商，因為孕育時間短，但他們又有足夠的醫學知識可以孕育出一個完整的人。所以在經過內部的高度壓迫、怨聲載道後，強行孕育出一個人。只是，他是侏儒。

而他要被放入的是世界摔角大賽，所以當他一越過那賽場的圈繩，一進入那比賽的擂台，因為力氣實在太小，無法和那些遠比一般人更加強壯的對手對抗，他瞬間就被消滅了。

原諒我，這比喻好可怕，但很真實。

為什麼會這樣？因為彼此的不誠實。

我們很認真的讓自己變差勁

出錢的一方隱瞞真正能提供的工作時間，而負責工作的一方，為了怕被願意接較短工時的競爭者搶走生意，於是不敢吭聲，只敢背後「看」聲連連，最後做出品質不好的東西，彼此抱怨，一起沉淪。

客戶會把這當作一個經驗值，放在下一個循環裡。他會說：「幸好，我上次提早了一個半月，不然那東西出來能看嗎？這次我也要提前，至少一個半月，要是兩個月更好。」可是他沒有意識到，這東西不能看的主因是他自己，再提前兩個月，這東西只會更差。

那負責發想的人呢？他們會怎麼想？他們會想，「拜託，上次說超趕超趕的，害我每天加班熬夜，連和女朋友爸媽吃飯都爽約，最後時間到了也沒上，又修一個多月，這客戶沒誠信，我不要為他太努力，給他爛東西就好，反正他還會改嘛。」

一次又一次，所以每個人都在加班，客戶加班改，代理商加班改，台灣的工時世界第一，但工作品質下滑到讓人難以想像。

大家都很認真，超級認真，認真的讓自己差勁，無法追求最好，只先求有，然後就上路。嘴巴說之後再求好，但就不可能好了，因為你得毀掉之前趕工所以虛應故事的一切，而這更是不可能了。

我們騙自己說，快一點比較有競爭力，但我想請問一下，很快大出來的大便，就有競爭力嗎？

要是有人願意誠實一點，「不好意思，上次我們跟你們說要一個月完成，其實是兩個月就可以，這次給你們兩個月時間，希望你們可以做得更好。」

要是有人願意誠實一點，「不好意思，上次你們說一個月，我們說好，那就一個月，其實那是狗懷孕的時間不是人的，所以做得不符合理想，這次你給我們兩個月，我們一定會做得更好，像人做的。」

不欺騙，是種自律，也才會像個人。

03

時間、金錢、品質的好禮三選二

當蘋果公司花十年時間設計出iPhone，

那麼諾基亞可以多快做出一支三系列的手機，

已經不是討論的重點了。

因為我終究是企管系畢業的，雖然常蹺課，但教授的深厚學養、校園的求知氣息，多少還是感染到我。對於商業，我慢慢意識到一個理論，不盡然正確，但跟大家分享。

就是時間、金錢、品質，這三個元素，你只能獲得其中之二。

什麼意思呢？簡單說，就是你想要花的時間少，那你就要多付出金錢，否則你的品質就會差。你如果想要省錢，那你就要給對方多一點的時間，讓他慢慢做，不然你就會得到一個品質差的。

這道理應該很清楚吧，這是一個很單純的事，好像目前為止，也沒什麼問題。

問題才大勒！

我們口口聲聲說，品質很重要，但事實上，我們都故意漠視剛剛說的法則。

只追求「快」的台灣

事實上，我的觀察，目前台灣在追求的是時間，而那其實不是追求，是一種焦慮。

我們意識到自身島嶼的資源短缺，選擇了以努力來代替一切，這是好的方向，但若是把縮短時間交件，當成唯一的解決方法，可以創造的價值是有限的。為什麼？

如果說縮短時間是最重要的，那麼快就是最好的競爭力。

怎樣最快？

複製最快。

那什麼東西複製最快？

影印機。

如果這樣，影印機應該是所有能夠販賣的物品中價值最高的。

這當然是種詭辯。

不過，某種程度不就說明了求快但無差異性，並無法創造最大價值？

關於「壓縮工作時間」的推導

很多人常講效率，常講說壓縮工時，就生產管理的角度，當然可以藉改善流程的方式，來取得較佳的生產效率。

但事實上更常發生的狀況是，企業選擇的不是改善生產流程，而是要求相同人力卻付出較多工時，也就是加班。

不過，沒關係，我們假設生產流程已經大幅度的被改善到極致了，那麼企業要如何縮短交件時間呢？

好，還是回到相同人力付出較多工時，好縮短交件時間。也就是說，原本正常時間要三十天，我現在要求所有人加班，二十天趕給客戶，多出來的十天可以拿來再接其他案子，好增加收入，因為每個單件的利潤下降了。

換句話說，我去賺其他國家不想要賺的那多出來的十天，ok，我的競爭力看似增加了，但卻是有極限的。

問題出在哪？問題出在，我們不是物理學家。

因為，我們不是物理學家，不能像愛因斯坦的「相對論」可以做出時間被壓縮的假說，再怎麼嘴巴講「壓縮時間」，時間終究是固定的。

事實上，你只是藉由侵占對方其他的休閒時間而增加工時，來假裝你壓縮了交件時間，而那侵占掠奪，再多，也是有限的。

每個人每一天無法多過二十四小時。

換言之，台灣人再怎麼犧牲休閒時間，增加工作時數，最多最多，就是每天兩千三百萬人的二十四小時。

如果，你可以使用的人力很多，你不斷地掠奪他們的休閒時間，你才可能因為量，而創造較大的價值。但台灣人少，所以你再怎麼掠奪他們的時間，這些時間累積起來的量，仍舊過少，無法有大量的價值。更別提因為減少了休閒時間，員工的生產效率只會呈現直線式的下滑，增加的只有工時，不是效率。

換句話說，把台灣整體當成一個企業，這個企業的人員數量過少，所以藉由壓縮交件時間的努力方向，其實並無法創造很大的價值。

時間的競爭態勢分析

延伸剛剛對工時的討論，商業競爭除了看自身組織，其實更要看競爭者。我們藉由工時延伸卻無助於競爭力，其實有個很關鍵且致命的變數，而這是過去我們習慣代工業思考時，沒有意識到的。

代工業習慣以每單位人力成本去榨出更多產能，通常是藉由讓單位人力增加工作時間，增加些許加班費。因為其他支出如員工福利、個人健保、工作空間、租金成本不會隨之增加。當然還有企業以責任制之名，不配發加班費，那麼加班更易成為常態，經營者誤以為這可以藉增加工時，創造企業競爭力。

但這裡其實有一個盲點，競爭力是相對的，當你把工時當做你的武器，誤以為可以增加競爭力，其實忘了比較競爭者，他的工時比起你有幾倍大？

過去我們努力加班，但當中國人力市場開放後，競爭態勢改變了，而我們還在用舊思維。首先，不計算勞動人口比例，我們直接以總人口數來比較，台灣有大約兩千三百萬人口，而中國有十三億六千七百萬，大約是台灣的六十倍。換言之，若假設工時真的是競爭力，那麼，我們落後中國六十倍。

於是，為了更加努力，讓我們一起加班。我們過去每天工作八小時，現在增加四小時，也就是說從早上九點進辦公室，一路工作，要工作十二小時，加上午休一小時，我們在晚上十點下班，犧牲了跟家人吃飯聊天看功課的時間，回到家十一點洗好澡整理一下，什麼家務都不能做就要馬上睡覺，因為八點就要起床出門。相信這也是目前許多上班族面對的狀況，甚至是常態。但是這麼辛苦，我們只有增加為原來八小時的一．五倍，而競爭者仍是我們的六十倍。

那我們為了拚經濟，再更努力一點，我們工作十六小時好了，那意味著當我們早上九點進辦公室，下次離開辦公室是凌晨兩點，而你回到家洗好澡是三點，鬧鐘還是訂八點。你睡五小時就得起床，因為九點就又要開始工作，而且整個月整年每天都得這樣，就算這麼拚，可能連命都快拚掉了，我們的總工時只是原來的兩倍，而競爭者仍是我們的六十倍。

那我們就把命拚掉吧，所有人住在公司，二十四小時工作，不可以休息，那頂多頂多也不就是原來的三倍？而競爭者仍是我們的六十倍呀。

換句話說，在工時上的延長競爭，對我們這種小規模的人力市場而言，是條不歸路，甚至是條死路。

求時間的危害

可是，我們從小被教導要勤奮，勤奮不就是意味著動作快一點？是啊，所以我們什麼都是求快，先求有，不求好。

你如果不相信，你把頭抬離開眼前的書，看看我們的大型建設，也有類似氣息。每樣都把短時間當做優先條件，結果呢？美麗灣、大埔案、高速公路ｅｔｃ、食安（難以詳列，因為需要一本書）、環境汙染。為了快，讓科技公司不設過濾汙水的設備就可以開始營業，讓建商不必經過環境評估就可以開始整地。為了快，我們犧牲掉別的。

但這些求快的產物，當你接著要求好時，哪一樣不是要全部打掉，付出更多，甚至仍無法恢復？

會不會，洪仲丘，也是被求快給害死的？因為求快，讓每個環節失去了功能。

我們以為，為了生存，必須更加辛勤工作，增加工時，免得沒有價值。企業家這麼相信，每位雇員也這麼相信，但挪走正常休閒時間的結果，並無法帶給我們極大的利益，只讓這島嶼的人更加不快樂，家人更沒有時間在一起，社會崩壞的更快速，人心更加的苦悶。

更可怕的是，為了賺得眼前利益，為了節省時間，其實很多時候，我們犧牲掉的不只是自己的時間，還包括別人的。看似省錢，卻得付出更多成本，因為回復環境需要更多的金錢支出，只是那並不來自掠奪者們的口袋，是來自未來的子孫。

掠奪者掠奪的，不只是眼前這時代人們的時間，藉由不顧環境危害，降低生產成本，獲取利益，事實上，讓我們的後代子孫更難以居住。

偷的不只我們，還有我們子孫的時間。

藉著偷時間，創造一些相對來說很小的價值。

而從世界永續的角度來看，這些價值一點也微不足道，只因為他們過度集中在極少數的個人身上，所以顯得財富龐大。但比起社會整體利益來說，渺小得可以，加上資源分配不均，炫富仇富創造的衝擊傷害，更是得不償失。

價值的創造，難道沒有別的方向嗎？

當蘋果公司花十年時間設計出 iPhone，那麼諾基亞可以多快做出一支三系列的手機，已經不是討論的重點了。

可不可以有反例，當然可以的。

當然有很多靠效率而賺大錢的例子。但我想，真正的 point 是，你想要在一天之內搬很多磚塊，還是花三個月畫好一張小小的紙，但紙上是幾千億預算的國際建築藍圖？

請讓我們更廣義的定義品質

時代推演至今，品質已經不單是來自「不出錯」。一支通話功能很清晰的手機，比起一支可以拍照可以聽音樂可以上網可以收信可以玩遊戲的手機，哪一支品質較好？

品質的大幅提升，可能來自於創意，來自於想法的完全不同，來自於跨領域的跳躍，這為什麼不能是台灣的方向呢？

明明台灣很小，資源短缺，短缺的資源還包括時間，那我們為什麼還要往錯誤的方向努力呢？

世界工時第一高的台灣，並不是世界經濟力第一，這不就說明一切了？我們只有因此得到世界生育率第一低的封號啊！如果有人說台灣人很愛工作，那我們可不可以做點比較有價值的事，而不是出賣自己的時間而已？

因為這是個對創意比快速更加渴求的時代。

只有好的創意才能解決資源的短少，而不是時間。

在我們的位子上，求好而不是求快，讓好的想法來幫我們，讓能想出好的想法的人被高舉，而不是加班最久的人被獎勵。讓我們拜託自己想到一點以前沒想到的、以前沒做過的，不然，真不知道什麼可以來救台灣，以及現在還沒開始工作的孩子們。

代工業與創造業思考

大家知道雙囍杯嗎？那是台灣一個很有意思的文創產品，紅色的杯身，而延伸出來的杯耳朵做成「喜」字，所以當兩個杯子湊在一起的時候，就變成了個雙囍字，非常有趣，要價也因此較高，數百近千元。買到的人捧著喜歡，朋友來訪還一定得拿出來倒杯茶，有個話題好聊。夜市裡，有很多可以玩投圈圈的攤子，有時也會有馬克杯，那樣的馬克杯，你也可以用買的，但你一定會殺，不是殺老闆，是殺價錢，一個要價幾十元，還會被砍被嫌。

我不是專家，不懂材料，但從我平庸的肉眼觀察，兩個材質應該沒什麼不同。但說真的，你仔細看，雙囍杯的杯耳握把，反而因為造型有點複雜，所以不是那麼平直，兩個杯耳也不太精準對稱。但沒有人會挑剔，反而還拿著端詳說：「欸，好特別，好有手感喔！」而夜市馬克杯，大量製造，精準無比，卻無人稱讚，也不會有人捧在手裡看上幾眼。

你要做夜市馬克杯，還是雙囍杯？

或者，請問，

你是夜市馬克杯，還是雙囍杯？

或許，台灣各個行業應該都要擺脫代工業思考，轉為創造業，不管你的本業是什麼，能不能都加點創意？因為我們資源少，只能尋求創意，因為創意是對方無法從你的帳面進貨成本來衡量，更不能從你的工時來計算，更不能隨便砍你的估價單。因為創意無價，你有創意，你說了算。

就算你不是製造業，而是服務業，創意一定也能為你帶來生意上的獲利，而不是單純在食材新鮮與否、用餐時間長短上競爭。傳播相關的產業更別把自己做小了，整天在計算工時好想辦法要多些報酬？你的作品有創意帶來效果，客戶都搶著要請你幫忙企劃了，還怕客戶與你計較工時嗎？與其計較工時，不如要求自己的品質吧。

用創意創造品質，減少時間的無謂支出，就有機會增加金錢的收入。
你可以因為有創意更有姿態，最重要的是，有飯吃。

讓你做的事有故事，就是創意。
讓人們經歷你的服務，成為可分享的故事，就是創意。
讓人們和你的商品進入一個情境，創造故事，就是創意。
我們互勉，好嗎？

四

公義需要更多故事的工藝

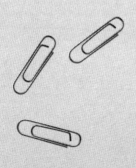

1

光不用錢，
齊柏林、張鈞甯的高雄堅強

一般明星們都會要求專業梳化，
好讓他們在鏡頭上有最完美的表現，
更何況是台灣第一線的她？
但當我回頭看著她，一臉素淨，卻綻發光彩，
我想，沒問題的。

高雄氣爆是什麼時候的事？大概有三十幾年了吧。

我總是這樣問大家，每個人都會說哪有？明明就是去年，不是嗎？那怎麼再也沒什麼媒體報導？沒什麼人討論關心呢？這或許也是我們在這時代必須面對的，但也別輕易失去對人性的信心。

高雄氣暴發生的那夜，我們在家裡，驚訝地看著電視，心裡覺得，好像二〇〇〇年的九一一事件一般，那麼誇張難以想像，卻又是真的，彷彿有人刻意要挑戰我們的認知。你的神經線揪緊，似乎隨時會斷，因為情況依舊未明，而光是眼前的視覺影像就衝擊巨大，足以讓人想哭泣，更別提那可想而知的，有多少生命將遭到衝擊，生命的軌跡將從此不同，而那細節就如同你看達文西的畫，總還有更多，更多會讓你泫然淚下的細節。

真實世界裡不落幕的電影

我的岳父母彼時正在「八五大樓」，我和妻擔心地打給他們，岳母說雖然有點距離，但她徹夜未眠。自樓上往下望，那火竟燒了一晚，不曾熄滅，這當然也與過往我們的理解不同，總以為當消防隊員趕到，再大的火勢都會被撲滅，於是既有的認知再次被打破。原來因為安全的緣故，也有必須讓火自己燒到完的時候哪！這毋寧是讓總以為人定勝天的我們，一個當頭棒喝。

相信許多人也在電視上看到陸續由朋友提供的影像。我曾經和一位製片朋友討論，這樣的影像規模，我們做得到嗎？監視器裡那巷弄成排的摩托車，隨著火光，畫面爆亮。請問這樣的鏡頭，製作要多少錢呢？他說大概兩千萬可以拍成。

我繼續問：「那，那個行車記錄器裡，透過擋風玻璃，看到從遠方地上的人孔蓋，一路爆開、冒火，連續四、五個炸到鏡頭前的那個呢？我要實拍哦，不做特效。」

「那個啊，不是錢的問題，是台灣做不太到。你那很難申請啦，而且保險要多少？在好萊塢可能可以，實拍的話，大概要一億左右。」

「那你記得有個空拍鏡頭，一整條馬路，全部都炸翻掉，還有許多車子掉進坑洞裡，一路綿延快一公里，那個鏡頭呢？在好萊塢可以做嗎？」

「實拍嗎？那個啊，就算是在好萊塢也有難度，因為規模太大範圍太廣了，你再怎樣還是要復原啊，炸開整條路耶！」

「那有人回去找不到車，結果汽車飛到六層樓以上的屋頂，那個鏡頭呢？」

「那難度真的很高，因為你要把一兩噸的物體炸飛不是問題，但炸藥的分量得先實驗過，不夠就飛不起來，太多又可能直接把車炸爛，也飛不起來。另一個是方向的問題，要能夠定向，讓落點精確的在屋頂上，你一定得用許多條鋼索輔助。還有，攝影機的位置，要能清楚拍到，也是要一再實驗的，總之，我覺得非常困難，不管是預算或技術。」

你一定會覺得我們的談話荒誕不經，怎麼可以把一個災難當成電影鏡頭來討論呢？是的，這當然不恰當。但我想說明的是，這樣一個駭人的景象，幾乎就等於我們看電影「變形金剛」、「玩命關頭」，只是這場景來到眼前，就直接在你面前爆破，沒有人喊「準備，開麥拉」，沒有人給你思考等一下要如何走位。你在那當下的選擇，可能就是天人永隔，你畢生的財物在那瞬間就會被搶走，再也拿不回來。那已經超乎我們感官經驗還有逃生知識的，就這麼暴烈殘酷地直接上演，沒有預演沒有練習，只有直接的傷害。而且兩小時後，電影不會落幕，那些崩壞，那些身體的傷害都還在，而那心靈上的衝擊更是如此巨大，會跟著你一輩子。

「那不是你們那行該做的事嗎？」

發生的一切，並不像我們在電視螢幕上看到的，關掉就會結束，進廣告就可以忘記。他們是人，是跟我們拿一樣身分證的台灣人，更不會是媒體不報導就已經完好。我們都很清楚台灣媒體資源的配置，多少總會讓人錯亂到，以為台灣只有台北市這個城市，所有人都居住在其中，其他地方都沒有人，也不需關注。媒體如此，我們也有責任，我們是不是不夠關心身旁的人？不要跟我說高雄很遠，高鐵只要兩小時就到，台灣很小，但心的距離有時有點太遠。

隔天早上，電視上火還在燒，我打電話給我在高雄地檢署工作的同學，問他需要什麼樣的協助。我說需要金錢嗎？他回答，在這親人傷亡失聯的當下，錢能幹嘛呢？我問，那物資呢？他想一想說，政府設置的緊急避難所對面，就是家樂福，物資可能也不是那麼急。他反而擔心人心。他說，因為沒有人經歷過那麼大那麼恐怖的災難，他擔心許多人精神上的創傷，更不希望大家覺得自己孤立無援，因為這橫災已經巨大到讓人感到不知所措，完全的無力，但不能因此感到無心。

他說：「人們需要心理上的幫助，那不是你們那行該做的事嗎？」

「那不是你們那行該做的事嗎？」他的聲音輕柔，但掛上電話後，卻壓在我肩上，好重。

張鈞甯才是最大的推手，把我推下去

於是，我傳了個訊息給張鈞甯，問她：「我想為高雄氣爆做點什麼，你有意願嗎？」原本只是想聽聽看她有沒有意願，沒想到，她回答的語音訊息非常懇切，而且迫切，「可以呀，今天拍嗎？今天拍嗎？」

我聽了嚇一大跳，本來只是想問看看，沒想到她比我還積極。這下反而換我騎虎難下，我還沒有任何想法啊，我能做什麼呢？

我站在窗邊，看著一片安詳的湖景，你想不到只是兩小時車程外的地方正哀號著。我想著，平常我們拍片總要個兩、三百萬元，我要去跟銀行借錢來拍嗎？那就不只是高雄氣爆，應該我的家人也會氣爆吧。而且一般影片的執行，前置作業至少要近一個月，到完成都幾十天後了，實在緩不濟急。但是就算再怎麼單純的拍攝，也要請製片、租攝影棚、找攝影師、進後期剪接、調光、錄音，這些都不是今天就可能發生的呀。

我實在不知道如何是好，只好做回原來每天起床要做的事，運動、煮咖啡、吃早餐、讀經禱告，心裡事情很多，但身體繼續動作著。忽然，我想到，至少我會寫詩呀，張鈞甯有嘴巴呀（我真是很沒有禮貌……），我可以寫詩請她念，至於其他的事，就交給神吧。

所以我拿出我平常隨身的小本子，轉開鋼筆蓋，趴在餐桌上開始寫呀寫。雖然寫完了，但也不知道能幹嘛，何況當天我還有廣告的剪接工作要進行，直到得出門上工時，我也不知道究竟能夠如何。

那時寫下的詩，是這樣子的。

一夜裡就不同了

一夜裡就不同了
你看見斷裂的
土地和記憶

一夜裡就不同了
你聽見烈燄的
恐嚇和飛起

一夜裡就不同了
我們變成光
找到

照亮

一夜裡就不同了
我們勇敢
拿起
幫忙

一夜裡就不同了
世上沒有黑暗
只有還沒照到的地方

一夜裡就不同了
我們想起我們是人
我們都是台灣人
我們都是高雄人

一夜裡就不同了，高雄

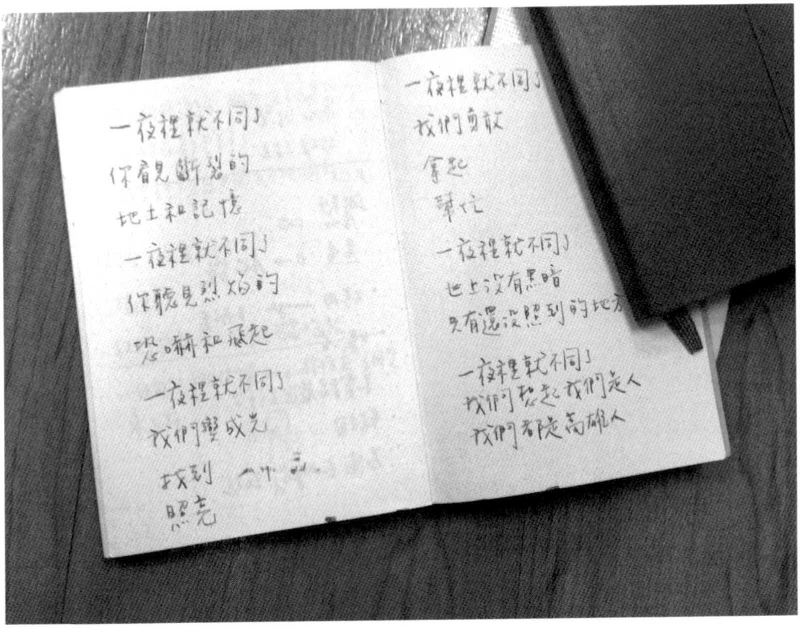

隨身攜帶的筆記本，是我說故事最重要的工具之一。

高高仰望
雄雄站起
高雄，堅強（台語）

光會聚集，就算不是太陽，也夠溫暖

沒想到，那天的剪接工作異常地順利，若有神助，一下子就剪好了。

於是我想來問一下張鈞甯在哪裡，順便跟她說說我的想法，沒想到（再講一次，真的沒想到），奇妙的事發生了，她跟我共享位置，螢幕上顯示，她只距離我一百五十公尺。原來她正在一旁的電視公司收音，而且在下午三點四十五分到四點十分有一個空檔。

我馬上轉頭問剪接師：「你有帶手機嗎？」還不知道狀況的剪接師隨口回，「有啊！」

「好那你操一機。」我說。

「啊？導演，什麼機？」正整理檔案的剪接師轉頭看著我。

「攝影機啊，我操一機，你操一機，我們雙機作業。」

「導演，可是要拍什麼？」

「拍張鈞甯呀！」

「張鈞甯？電視上那個？」

「對。」剪接師的嘴巴張得老大，好像很受驚嚇。

「可是，導演要在哪裡拍？」剪接師按下驚訝，理智地提問。

「這裡。」

「這裡是剪接室耶！」

「不然你去租攝影棚，可是要今天，還有，你要付錢，我沒有錢。」

「啊？」

「是為高雄氣爆拍的。」

「噢，好，那我想一下。」剪接師恍然大悟，露出堅定的眼神，緊跟著他就請同事幫忙，開始挪動桌子，並把牆上的小燈，調整到同一個方向，於是就有了一面素淨的背景。

在微小但暖暖的黃色燈色下，我看著他們來回忙碌地搬動著，心想，當你想做點什麼，連太陽都會來幫你。你看，在這濕冷陰雨的台北，我們在這小小的房裡竟有了太陽耶，而且好像很溫暖。

什麼都沒有，所以什麼都有了

「我來了，可以開始了嗎？」我們還在挪位置，突然一個好好聽的聲音，從我背後傳來。我看到身旁剪接師嘴巴張得比剛剛更大，就知道張鈞甯已經到了，而且沒等我去樓下接她，自己咚咚咚地跑上來。這麼大牌，卻這麼不大牌。

我突然想到，慘了，我竟沒有準備髮妝造型師，一般明星們都會要求有專業梳化，好讓他們在鏡頭上有最完美的表現，更何況是台灣第一線的她？但當我回頭看著她，一臉素淨，卻綻發光彩，我想，沒問題的。

我跟她道歉，時間緊迫，沒有資源，沒有製片沒有造型沒有攝影師沒有燈光師沒有美術，什麼都沒有。結果她回一句，「沒有問題。」讓我都笑了。

於是我們就在也沒有時間的狀況下開始拍攝，我請她拿著我的小本子念，沒有時間演練，沒想到，這也是我最順利的拍攝經驗之一。燈光完美，演員完美，收音完美，連攝影都完美。她念了兩次，我找不出可以提出的建議，因為她很誠懇，因為她很認真，因為我們什麼都沒有，只有她，所以她就給了我們最好的。

當我喊 cut，她問我有什麼要調整的。我說沒有，剩下就是我們的事了。看了看手錶，我們只花了七分鐘完成，真的一點時間也沒有浪費，得趕去繼續原來工作的她，給了我一個堅定但溫暖的笑容。我心想，這作品會被祝福，也能祝福人，因為一點資源也沒有，所以一點雜質也沒有。

用飛的比較快

剪接師忙著剪接上字的同時，在這急迫的時刻，不知為何我突然想到，小時候媽媽要是看我沒耐心，就會念「那你用飛的比較快。」對呀，用飛的比較快，我想到一個人，這個人用飛的，而且這個人一定願意幫忙。

一夜裡就不同了
世上沒有黑暗
只有還沒照到的地方

我看著她，一臉素淨，但綻發光彩。

我傳了幾小時前寫的詩給他，他沒問別的，只問一個問題，「什麼格式？」我回他，「都可以。」下一次，我再收到訊息，就已經是完整的影片了，真的是用飛的比較快。

這人就是齊柏林。

只知道一種工作方式的他

之前因為拍攝 Google 影片而結識他，我想他雖然大我個幾歲，但說起來，他的血一定比我還火熱，可能接近沸騰，否則怎會有人願意抵押房子去空拍根本就是國家應該關心在意的台灣環境呢？

他說話誠懇，眼神專注，在完成電影「看見台灣」後，獲得了金馬獎殊榮，更創下紀錄片在台灣的票房紀錄。甚至為了讓更多人關心台灣生態，四處奔走，到每個國家放片，在每個時區間飛來飛去，累得要命，卻什麼也沒有賺到，只賺到許多人的尊敬和眼淚。更讓人感動的是，明明有許多商業代言的機會找上門，他卻不輕易接受，只因為他雖然謙沖柔緩，但卻依舊堅持在他關注的議題上努力。我每次和他聊天開玩笑，都覺得他就像棵大樹，心智巨大但卻無私奉獻，把自身的資源捐出給世人庇蔭乘涼，卻又從不居功，一貫的可愛微笑，反映出他心裡對人的關懷。

收到他寄來的影片，坐在剪接室裡，我一句話也說不出來，更不敢輕易轉頭，怕被剪接師發現我的眼淚。沒有任何推托，沒有任何藉口，更沒有任何遲延，真的，用飛的比較快，而且好。可能齊大哥平常面對工作的唯一態度，就是認真，因為他的每一分資源都得來不易，所以總是用最高的標準在要求自己，不輕易浪費大家的好意。影片裡的他，緩緩道來，打從心底的話語，謙虛但實在的語調，迸發的能量，就像太陽，直接照在我臉上，暖和且踏實。

光會吸引光

剪接師辛苦的調光剪接上字後，我們就丟上網路，同時把詩的文字內容分享上去，心想著，我已經做到我能做的了，剩下的就交給神了。

沒想到，「大演製作」的黃瓊儀總監聽說了這事，主動分享散播，許多網友們也被張鈞甯和齊柏林摯肯的言語打動。一會兒，「三立新聞」、《蘋果日報》、《自由時報》在當天就開始報導，突然間許多網友更開始用自己的方式錄製念詩，為高雄的朋友加油，也有高雄當地的小朋友自己念詩，鼓勵受傷的同學和家人，看了讓人感動。當然也有許多大學生在課餘自己拍

因為世上沒有黑暗，
只有光還沒照到的地方。

攝自己上傳，給自己的高雄同學們，緊跟著，高雄捷運局也來電希望能在捷運站裡播放，讓面對災情卻仍得上班、上學的高雄人可以在等車時看到，在疲憊與辛勞間，能有小小的安慰。

這一切都是我始料未及的，不會是那個早上擔心害怕的我可以預料到的。我想，不單單是因為台灣人很友善，很願意行動，而是時代的期待，就算是為人詬病的媒體，其中也有許多從業人員思索著想做點什麼。我們每個人就該去做點什麼，就算你不覺得那有什麼，就有人願意分享，就有人願意傳播，就有人願意協助，我們應該都受夠彼此抱怨產業環境政府作為了，是時候自己點亮自己了。

如果你跟我一樣覺得自己渺小，環境黑暗，那麼當你用你的想法試著點亮的時候，就會發現，就算只是你的一燭光，都會變得很亮。

因為世上沒有黑暗，只有光還沒照到的地方。

「高雄，堅強」
張鈞甯篇

2

一開始，世界只會好一點點，但你會好很多的洗髮精

商品的優點，用的人就會知道。

再不然，

沒用過的也會有用過的人去講，

他希望，這支作品只要傳達良善的概念就好，

商業的事，他們在別的地方努力。

你覺得誰是台灣之光？很多人會說是王建民，有人說是林書豪，身為運動迷的我當然都認同。不過，還有哦，台灣有個純天然品牌，賣進最難進入的歐盟和日本藥妝市場，甚至因為是亞洲第一座環保化妝品綠工廠，被邀到聯合國會議演講。

這支達成世界第一個「碳中和」的洗髮精，瓶身材質也是全天然，你用完後插到土裡會自己分解。洗髮精的內容呢，更妙，用的是我們大家不要的咖啡粉萃取出的咖啡油，可以幫助抗氧化，讓頭髮、頭皮年輕，卻又環保不浪費資源，而且會壞掉。

會壞掉，才是台灣之光

什麼叫會壞掉？其實，一般我們家裡的洗髮精，都不會壞，就算過了保存期限，因為幾乎是全人工的，據說，連蟑螂都不想吃，因為太毒了，甚至為了讓頭髮柔順，加了矽靈和很多連你上過化學課都不熟的東西。當我們洗完頭，就往下流進河川土壤裡汙染，然後再汙染我們的食物，進到我們的身體和孩子的身體。

但這洗髮精是全天然的，又沒加防腐劑，所以時間一到，就會開始被微生物分解，鼻子聞還會臭臭的，像這樣會壞掉的，反而讓人安心，在重視環保安全的歐洲市場大受歡迎。而且，全環保概念的綠工廠裡，有電梯不給人搭只給貨搭，在設計的時候就思考到風向還有太陽位置，甚至讓建築物傾斜避免太陽直曬而浪費空調電力，並在其外廣種植物創造綠蔭，一年裡有三百天不必開空調，甚至連堆放貨物的棧板，都自己研發設計，尋求環保材質。最後是用寶特瓶蓋回收製成，符合力學結構，所以雖然輕但耐重，而宅配的紙箱則為了減少不環保的膠帶使用，也自行設計，藉摺疊便能成形，且精緻美觀，讓每個收到貨的消費者都會覺得捨不得丟掉，減少垃圾製造。

這些都需要金錢時間去創造，有人笑老闆腦子壞掉，這樣不都是增加成本嗎？但我想，就是要有這種壞掉的人，台灣才有機會發光。

別人急著要吹噓的，都不必說

這麼多我很想跟大家講的，但都不必在廣告裡溝通。

老闆葛先生說，商品的優點，用的人就會知道。再不然，沒用過的也會有用過的人去講，他希望，這支作品，只要傳達良善的概念就好，商業的事，他們在別的地方努力。

到底為什麼他會那麼重視環保那麼在意天然，寧可花費更多成本？原來是因為自己的父母親在他事業正要起飛的時候，突然過世，都是跟環境汙染變化有關，而他自己也為過敏所苦，覺得賺錢當然很重要，但是生命更可貴，與其賺黑心的，不如認真大方點，賺到的更多。

確實，他賺到了尊敬，也賺到了更高價位的外國市場。他的付出，除了有金錢上的回報外，最重要的是，他自己的身體，也得到改善，他的靈魂也得到平安。而這其實來自於他面對自己人生的問題，他愛自己，因此有能力愛人類愛地球。

很多國家的人，並不知道台灣的總統是誰，但都知道台灣這個高質感的洗髮精品牌。但他說，這些也都不必在廣告裡說，他想分享的是，一開始那個初衷，那個良善的初衷。

發想，只能回到人生

面對這種過度優質的廣告主，有時難免讓平常愛抱怨的我們，沒了台詞，接著應該怎麼做呢？我和代理商夥伴討論許久，怕講良善太高調，也怕做成政令宣導，或者道德勸說。後來建議，也許我們有機會來面對，整個社會的問題。

我們眼前的問題是什麼呢？黑心商品是結果，不是原點，cost down 是手段，也不是原點，是企業失去利基點想存活的錯誤選擇。那加班熬夜呢？它更是結果，是因為害怕恐懼，怕自己不加班，在辦公室裡觀感差，集體的加班，是整個部門共同的恐懼，害怕自己被取代，工作機會被奪走。

這些都來自於微利化，台灣的企業缺乏創意，只好壓榨員工好尋求可能的細縫活，但卻只創造整個社會集體的悲劇。

會不會，我們都忘記去做自己本來就覺得好的事？因為太害怕了。

要和整個社會對話，應該要從個人對話開始，所以，我建議夥伴尋求自己的個人生命經驗。

馬路上的爛海報

我那時正好經過青島東路，許多大學生聚集在那辦活動，我發現地上有張掉落被雨水淋濕的海報，破破爛爛的，天色昏暗裡毫不起眼，卻讓我停下腳步，全身顫抖。我望著，心想應該是個大學生寫的，但寫得真好，海報上寫的是「世界不會變好，但你會」。

從小到大，我們在學校就被教導「啊你不要去跟老師說啦，說了又不能改變什麼。」到公司工作後，也常被告誡不要提出什麼改善意見，就明哲保身，不要太突出顯眼，「你那樣又怎樣，公司還不是一樣，沒有人會理你啦！」所以很多事，我們明知道對但就算了，知道應該如何但就算了，因為大家都這樣，因為來自效率的思考，只有我們改變，環境不會變好，所以我們不要做無謂的事。

但這大學生的想法是，去做，就算世界沒有變好，至少，你變好了，因為你去做了你覺得對的事。

這就是我想談的，鼓勵人們變好，但不是自命清高的，而是理解人們的無奈苦痛，清楚知道生活裡的掙扎難耐，但仍能夠試著改變一點點，這才是我們這時代需要的良善概念，而不是光只打高空勸人為善。

我好想找到那位同學，握著他的手謝謝他，不是要謝謝他幫我完成工作，而是要謝謝他讓我成為更好的人，比沒有看到這張海報的自己更好的人。

概念的行程

回家的路上，因著這個啟發，我繼續往下想著，其實，世界不是沒有變好，因為你也是這世界的一分子，如果你去做你覺得對的事因此變好了，那你變好了世界當然也變好了。只是一開始可能看不太出來，無法丈量，但如果精緻的去看，一定改變了。

我又想起自己。工作十多年，我其實在每家公司都有客戶在台南，常常得去開會，但很少能回家看爸媽，因為當天夜裡在台北辦公室可能還有一個或兩個會等著我。幾次每天例行的撥電話回家，我更不敢跟爸爸說，其實我在台南，因為等等就得北上不能返家怕爸爸反而難受。同事笑我大禹治水，三過家門而不入，我微笑著，心裡其實苦著。

所以，當爸爸電話裡告訴我罹癌消息時，我其實正在台南高鐵的月台上準備回台北開會，講電話安慰爸爸的同時，我還邊機械化地、無意識地上了車，掛上電話我呆傻著，直到車到嘉義，我才忽然驚醒，「我在幹嘛，我不是應該回家嗎？」並趕緊下車。

儘管，我趕回家了，但我要是知道四年後父親就會回天家，我應該會更早跳下那載著我們集體無意識前行的苦役列車。

做這個行業，總在追求更棒的想法，但有時候到後來，你也不確定是在證明自己的聰明才智，還是只是要證明自己的可以被信任，甚至只是證明自己可以搞定客戶？錯誤的證明題，帶來錯誤的推導，追求後來變追殺，追求創意變成追殺創意，最後，什麼都沒追到。

我就聽過有前輩說，他看著他兒子長「長」了，而不是長高了，我說：「什麼叫長長了？」他說，因為他每天回家兒子已經睡了，早上他還在睡兒子已經出門上學了。所以，他只能看著睡夢中的兒子腳離床腳的距離，判斷兒子長長了。

我們出於無奈，雖然我們明明知道對別人好是好的，但我們沒有空對別人好，就像我們也沒空對自己好一樣，但最後，我們就集體的不好了。

其實，我們有機會一起好的，至少，再怎樣，你都可以自己先好了。

如果人生是場電影，那你給自己的劇本長怎樣？

後來我就完成了以下的故事，沒有太多變動，只是主角換成女生，一樣的心理狀態轉折，順道也讓大家看看我們平常工作時的腳本長相。

夜裡，一位女子穿著寬鬆，剛洗過的頭髮微濕，望著城市夜景，一臉舒適放鬆

女：我好了

畫面暗去，亮起，忙碌的早晨，三十歲的女子穿著套裝提著公事包，急忙地要過馬路。

閃黃燈的路口，她孤伶伶地站在安全島上，周遭的車快速地行駛，絲毫不想讓。身處危險的她，卻只是焦急地看手錶，而身旁還有位老婆婆，也是害怕地不敢過馬路。

（旁白：生活有時進退維谷。）

車子劃過，她已離開，安全島上剩下害怕的老婆婆。

（旁白：誰也幫不了誰。）

辦公大樓裡，她手指匆忙連按電梯按鈕，沒想到，電梯卻過了一樓，沒停直往上去。

特寫高跟鞋在樓梯間奔跑

（旁白：被別人追著跑。）

午休時分，空蕩蕩的辦公室，她繼續在電腦前工作，一旁是早餐未吃的三明治

她坐在自己的座位，一臉怒容看著手上文件，一旁站著個稚嫩女部屬不敢抬頭

（旁白：只好追著別人。）

甩開手上文件，她按壓發痛的太陽穴，閉上眼。

空無一人的會議室裡，她閉眼癱坐著，彷彿氣力放盡，會議長桌上是散落的文件和茶水。

巨大的投影幕上，只有她孤單無力的身影。

辦公桌上的手機螢幕：未接來電五通。

（旁白：最後什麼都沒追到。）

下班時分，城市街景，人們匆促地奔波著。

淋浴間，門開，她拿起浴室裡的善洗髮精，揉搓起泡在頭髮上。

閉上眼，四周嘈雜聲突然消失，極快的節奏在此緩了下來，彷彿到了不同的世界，她回憶起生命裡每個良善的小片段。

主觀鏡頭，小女孩的手在整片草原中，拿起一朵小雛菊到鼻子前嗅聞。

主觀鏡頭，兩條細瘦的腿在小溪裡舒服泡著，潔淨的水流過。

主觀鏡頭，小女孩的手抱起車子底下剛出生沒多久，讓人想照顧的小狗狗。

特寫，小女孩眼神專注開心地看著布丁杯裡剛發芽的豆苗。

小男孩羨慕地緊盯小女孩打開棒棒糖的包裝紙，小女孩拆完後，想了想，大方地遞給男孩。

主觀鏡頭，仰躺草地上，女孩小手試著在抓雲朵。

當她再度睜開眼，深吸一口氣，緩緩吐出，臉上顯露微笑。

（旁白：有人說，每天都該重新出發。）

她彷彿是個新造的人，一臉微笑，走出淋浴間。

（旁白：我覺得，也許該從善出發。）

留下「善洗髮精」在原地，曖曖緩緩地散發光芒，鏡頭特寫著商品。

SUPER：全環保素材，友善地球

（旁白：一開始世界可能只好一點點。）

女子站著望向世界，一切似乎都美好了起來。

（旁白：但你會好很多。）

Ending line：從善出發　為善最美

一開始，世界只好一點點，但你會好很多。

這個案子，一開始只是有個葛先生想對自己好，所以做出了這個洗髮精。而我們在做行銷講故事的過程裡被啟發，反而發現了，自己人生其實可以有不同的樣貌。

人要自愛，才能愛人，也才值得被愛。

有時，一個好作品，不只改變別人的生命，也改變創作者的。

「善洗髮精」
我好了篇

3

這票你聽孩子的話之一

如果你願意付專業的費用找人來協助，
那就以專業的方式對待專業人士。
重點在於專業人士不單有手，還有腦子和心，
給對方空間去發想創作，你會得到更多，
超過你的所求所想。

這時刻要書寫這篇章，對我而言，不是件容易的事。因我正在洛杉磯，而復興航空剛在我慣常跑步的台北松山區墜毀。我瘋狂地刷新聞網頁，想了解這災難搜救的進一步消息。好友齊柏林大哥更是用 Line 傳給我影片，我們一家在驚呼中閉眼禱告，求神帶來安慰和奇蹟。但我想，我們更該睜眼面對這世界，擦乾眼淚、睜大眼思索我們能做什麼，至少睜大眼做好自己該做的事，所以我書寫。

因為過往睜一隻眼閉一隻眼的結果，已經從接連冒出（或者該說「揭露出」，因為原本就在）的疑案中顯露出來。你看著那一棟棟巨大無比、座落首都的建築體，外表光鮮亮麗，內裡卻晦暗難明，看著塑化劑黑心油在我們和孩童身上流竄，看著河流空氣灰濛變色，而我們被逼著大口喝下大口呼吸，台灣充斥著睜一眼閉一眼帶來的低級傷害，而且這傷害不會僅只一代。

睜眼不容易，但睜眼說瞎話也不簡單，於是我們多少被訓練成很會睜眼說瞎話這種高級的技巧。於是有時我們在公司裡得過且過，在社會視而不見，面對貪枉我們噤口，面對壓迫我們承受，卻忘記我們的選擇，其實牽動了更多比我們弱勢的同胞，因為他們比我們沒有選擇。而當我們都這樣選擇了，更年輕的他們、更無所倚靠的他們，只有更被傷害欺侮，並嚥吞下那苦澀割喉的茶毒，無法作聲，因為手上有大聲公的我們，選擇靜音。

當你讀到這書時，也許你是沉默的。謝謝你，請你為這群受難者默哀，但之後，請你發聲，當你面對各樣的不公義，否則，會說故事對你並沒多大意義，對這世界並沒有多大意義。甚至，你可以考慮放下這本書，因為我介意。真的。

十年來運用工具最多、資源投注最大、可對照研究的行銷案例

不過，讓我們收拾起情緒，儘管情緒是故事的母親，但理解現實更是我們的責任，因為愈和理想有關的事，你愈要比整個世界還現實，才有機會讓它變成現實。

同樣的，我總是會建議我的夥伴們，在分析理解這個案子時，請拿掉政治情感面的偏好，而把它當作一個重要的時代行銷案例觀察。將自身抽離自眼前的環境，客觀地專就其作為一個行銷廣告 campaign，如何創造出一個動人的故事，並比對傳統廣告行銷的作法，和競爭對手的態勢變化資源投入，把其中的流程和各種變數，來討論和分析，從中累積學習，好在下一個品牌的操作上運用。若不是如此，就有點對不起生在這時代、有幸見識到這樣一個精采品牌操作案例的自己。

當我進入廣告界前，由於不是本科系出身，我花了一個月的時間，躺在大安森林公園裡的躺椅上，就著陽光鳥叫，把市面上和廣告有關的書讀了一遍。當然獲益良多，但過程中也覺得有些缺憾，因為根據我的閱讀經驗，總不免會覺得說得比做來得容易。甚至雖然看了很多行銷廣告大師講的原則方法，可是就不知道運用到實務上又是怎樣，好像大師就是神人，讀完只覺大師好厲害令人欽佩，我卻如廟外頭的小和尚摸著頭，還是不知道大師法力這麼強是怎麼使的。

所以，我希望可以盡量用案例來分享，也許無法巨細靡遺，但至少我們可以討論每個環節，彼此從實際的情境裡學習，講的也盡量是白話文，若還是不清楚，一定是我台灣國語的緣故，深感抱歉，還請見諒喔。

我不懂選舉，我只懂一點點行銷

選舉是個巨大的機器，我並不清楚每個細節，碰觸到的也不如柯P辦公室裡的任何一位成員深入詳細，他們投入的心力和時間都不是常人可以想像的。像我這樣一個草民莽夫，更是無法想像，只覺得他們好忙碌，好多會議好多事好多活動，還有數倍於一般企業、四面八方而來的龐雜情報量要處理，光在旁邊納涼似蜻蜓點水的觀察，我都快跪下了。

行銷高度倚靠情報的篩選整合，
及策略方向的擬定。

渺小淺薄的我只擁有單一的資訊，我最多的政治知識，就是所有人在學校公民與道德課讀過的那些，而且還幾乎都還給老師了。再說一次，我不是選舉的專家，這也只是我做的第一個選舉廣告。我當然戒慎恐懼，但我不害怕，我甚至有很多期待。

因為雖然我知道的不多，但我懂行銷。

台灣第一名模？

行銷在許多時候，高度倚靠情報的篩選整合，這仰仗市場調查人員，而緊跟著最重要的是策略方向的擬定。以這次選舉而言，我很感謝遇上一位非常高明、真知灼見的策略大師。除了有人文素養懂得放權外，更有豐富經驗來分析競爭態勢，並定義工作內容。這位在很短時間內成為我客戶的大師，以我職業生涯十多年的經歷，應該是客戶首選，他叫作林志玲。

當然，林志玲這名字是個代號，一方面是對外這人很低調不想出名，一方面為了競選期間資訊保密，避免沒必要的影響。但我事後知道這代號後，真的是瘋狂大笑，因為你知道嗎？這位仁兄可是身高一百八十幾公分的粗曠大漢，通常是整個會議室裡最高大的傢伙，配上林志玲這稱號，真有說不出的違和感。

不過他倒是有林志玲的溫婉內涵，也有極高的創意品味，看得到時代的人心肌理。

剛到那大辦公室開會時，高大的他步入後，會議就開始了。他排除雜沓的資訊，只給我一個任務，要我思考「如何讓四十五歲以上的台北市選民接受並理解柯P？」而他認為柯P的特點是誠實，同時減少傳統刻板作法，其他就交給我。

這裡有一個特別的地方是，這樣的廣告會議，柯P並未參與，與會的人數也不太多，提出看法的也只有林志玲和其副手一位，其他人進來較像是列席，並確認此波溝通的訊息，好在他們其他的溝通領域裡做好預備。換言之，我的會議對象，嚴格說來只有兩位，而重點人物是林志玲，他說了就算，不必經過層層上呈，資訊也不致混亂甚至走光，是個十分扁平化的組織運作，而單純的 brief 更是創意人的重要 support。

你給的 brief，是衛生紙團還是鑽石？

Brief 本身就是一個藝術。

英文裡的propose，除了提案，也是求婚。
你覺得求婚是該拿一堆衛生紙，還是一顆鑽石？

假如你的 brief 有十幾頁，可能就要思考一下了。Brief 應該比較接近詩篇，而不是辭海。甚至我也遇過有幾十頁的 brief，主講人在富麗堂皇的會議室光念過去就花了一小時，有時更為了和國外總部溝通，大量使用艱澀的英語，但卻對本地的創意溝通一點幫助也沒有。厚厚一疊如同營運計畫書，仔細看也就只是本營運計畫書，而不是行銷傳播計畫。雖然嘴巴上說的是擔心對方不了解產業屬性，而拚命給對方全面性的、巨細靡遺的資訊，但這通常也表示你對自己的傳播方向並不確定，沒有安全感，導致什麼都想要。

（你還記得每個童話故事裡貪心的下場嗎？不然你也記得每個女生都想追的結果吧？）

（你一定想說你哪有貪心？你只是擔心，對呀，貪心的人也只是擔心不夠有錢！）

我想，我們多少都有點代工業思考的傾向。

就是做愈多，賺愈多，但每個單價都不高，甚至偏低，連 proposal 都得厚厚一疊，以數量取勝，看似勤奮努力，其實心虛。

英文裡的 propose，除了提案，也是求婚。

你覺得求婚是該拿一堆衛生紙，還是一顆鑽石？

如果你提供的 brief 是一台卡車高的衛生紙團，你要如何期待這可以啟發創意人交給你鑽石？

我從不相信拋磚引玉，那是謙虛的說法。實情是只有好能引出好，最好才會帶來最好。

專業行銷人就是個壓力鍋

行銷人的壓力很大，老闆的壓力、業績的壓力、業務部門的壓力、製造部門的壓力，甚至財務部門清帳的壓力，若是一股腦兒地只知把壓力轉嫁出去，這四面八方的壓力，只會把一堆材料壓碎，最後可能成就個和各界妥協的雜碎，作品從各個角度看起來都沒有不對，但就是不好。

若是可以當個稱職的壓力鍋，扛住壓力，清楚那些個萬千方向來的萬千壓力，把它們轉換成一個精確特別的方向，依著那單一方向，壓力可以把沒多大價值的碳，壓成燦亮奪人的鑽石。重點是，你是不是充分地整理了那來自四面八方的萬千壓力，轉化成單一清楚的期待了？

只有好能引出好，
最好才會帶來最好。

以林志玲為例，他連PPT都沒準備，只是坐到我對面，慢慢緩緩地講幾句話。「讓四十五歲以上選民選擇柯文哲」、「誠實是他的特點」，問我有沒有問題，最後一句誠懇直視眼睛的「拜託幫我們想想看」，brief就結束了。但目標族群、傳播目標、品牌特點都清晰無比，我想了想也沒啥好問的，清楚到我只能回說我想想看，迥異於平常我有一大堆問題要請教。

現在回頭想，應該沒有人會覺得他沒有壓力吧？他肩上扛的是這個候選人唯一的電視廣告，而且使用的經費幾乎每一塊錢都是善意捐獻的。但他扛下壓力，一臉淡淡自信微笑，彷彿我一定會想出最好的idea，彷彿我已經想出最好的idea。

轉化壓力，藉力使力，是行銷人的價值所在，能壓出鑽石來的壓力鍋，最有價值。

什麼都講完了，那也就，完了。

許多客戶不像這位林志玲言簡意賅，除了剛說到的代工業思考外，可能還有控制狂。

有些行銷人是生產部門出身的，對生產有卓越的產業經驗，但對於創意生產就不是那麼清楚，只知壓縮時間，以為快就一定好，卻忘記生產需要懷胎十個月。有些財務出身，對於報表數字總求一筆一劃確切相符，不時還想查帳稽核，檢查再檢查，卻不知人心對報表敬畏，創意更無法用數字定義它的ＫＰＩ。

就算沒有落到剛說的兩種窠臼，也很容易陷入「我跟你說，你照我的做」那種企業舊思維。什麼都說了，只希望對方照做就好，那其實你委託的只是一雙手，而且可能還是塑料合成、沒有生命力的義肢（請試著想像有人以完好的手握著一對義肢，在紙上作畫，在片場操作攝影機，在後期公司用手握著義肢剪接，光想就很詭異呀～）。

如果你願意付專業的費用找人來協助，那就以專業的方式對待專業人士。重點在於專業人士不單有手，還有腦子和心，給對方空間去發想創作，你會得到更多，而且那個多會是種祝福，超過你的所求所想。

千萬記得，你什麼都講完了，對方做到最好就也只是義肢做的，那，也就完了（北七我創才淺薄，想了很久，實在找不出除義肢以外精采的比喻，對義肢的功能絕無輕侮，更無意詆毀身障者，特別說明一下喔！）

當你找了海豹特種部隊，就不要跟他們囉嗦！

用人不疑，疑人不用。你要委託的對象應該是你經過調查評估，對其專業能力極有信心的對象。如果身為客戶的你，並不完全認同對方能力，不敢完全授權給予創作，甚至想要靠委託這案子本身來訓練栽培一個你理想的創意人，那只會讓彼此陷入痛苦的無間地獄，你還不如另請高明。

因為，就像特種部隊一樣，一個理想的傳播創作者，應該要有特種專業，而你該尊重。

特種專業的意思是，雖然對該產業不必有全盤性的理解，比方說對製造生產流程、財務避稅規劃不一定完全清楚，但對溝通的對象，應該要比誰都熟悉。仔細想，專業，不就是這樣嗎？專門的業務能力，傳播者就該是傳播的專門業務者，如果專業是很了解製造，那就是製造專業嘛。

以我而言，就是我可能不太知道市政要如何推展，但我對於傳播對象，也就是市民，應該要很熟悉，甚至比我的客戶，也就是柯P辦公室來得熟悉，對傳播工具的特性和使用方法也要熟捻清楚，能夠提出建議。

相信專業，才是專業。

對待專業人士要有專業的作法，給一個明確目標，他們會達成。如果不放心，就不要委託他們，而不是教他們怎麼做。

你可以想像，美國總統透過視訊會議告訴海豹部隊，一個步驟一個步驟，左邊的往前一步，右邊的退後兩步再蹲下？怎麼把塑膠炸藥拆開包裝，怎麼拉線、怎麼躲好、怎麼炸開恐怖分子的門嗎？

相信專業，才是專業。

反之，你覺得專業的海豹部隊會怎麼反過來對付你？

4

這票你聽孩子的話之二

因為知道對方心裡想什麼，
欠缺的是什麼，想要的是什麼，或者痛苦的是什麼，
隨之而來想出精采的故事，才能真的精采有效，
這個對話才成立。
否則你講得半死，對方睡得半死，
對這世界更只是資源浪費。

有了精確的brief之後，我們的腦子就開始運作了。這種時候才是痛苦的開始，平常我們總是充滿創意的抱怨客戶的不夠好，但真的遇上好客戶時，我們才真的開始害怕自己的不夠好，因為當人家如此誠懇的請託你時，你要是拿不出東西來回報，豈不是人生一大憾事？

好怕自己平常被特種部隊特種部隊的叫，其實也只是特種營業。讓我想起有次深夜在辦公室裡加班，突然聽見創意部同事對著電話大喊，「海報不對、海報不對，你只會講這句，哪裡不對也不講，當我們是海豹部隊，什麼任務都能解決喔？！！」

舉重若輕

第一個跑進我腦海裡的是，這是個原子彈等級的案子，十分重要，甚至可能改變歷史，但他的預算規模相對於競爭對手，只能算是原子等級，非常的小。

所以要怎麼讓原子發揮如原子彈的力量？是整個題目解題的關鍵。

說起來，一年五億元，十五年來我也經營過七十五億的行銷預算了。但是面對這麼重大，且因預算較小沒有第二次機會，也不會有第二年的行銷預算（對呀，不然是要叫他再選

當你在面對重大關頭時，
你要相信，你是最棒的，你可以，舉重若輕。

一次嗎？下次要四年後耶，跟奧運一樣），需要一擊中的，這樣的案子，我覺得我跟狙擊手一樣，感到興奮緊張，深怕手中板機沒扣好，壞了大事。

光想，就覺得手上的鋼筆彷彿幾千斤重。不過，我還記得師父以前教我們的，真正的大器不是要排場浩大，而是能「舉重若輕」。

如果你跟我一樣喜歡運動就知道（就算你不喜歡運動我還是要講，因為我希望你喜歡運動，運動可以教我們很多大道理的），平常練習時，你要用很嚴肅很認真的態度，有些球隊教練甚至不准球員練習時笑，一笑就得受罰。要求你把每個球都當終場前決定勝負的最後一球投，這種絕殺球，就該是你面對日常的態度。

可是當你在正式面對重大關頭時，你要放鬆，你專注但你不僵硬，你要像去上廁所一樣，簡單靈巧的，否則你會失常，你會crash。最好呢，你能帶著微笑，就算傻笑都好，你要相信，你是最棒的，你可以，舉重若輕。

永遠要面對時間

讓我們重新再看一次題目，「讓四十五歲以上的台北市選民認同柯文哲」、「柯文哲的特點是誠實」加上一直以來我的觀察，理解柯先生不喜歡攻訐對手，我也認為別人差不代表你就比較好，儘管有許多行銷手法那樣嘗試，但我判斷那樣的戰術只能是短期的，也只有短期收益。我想做一個跟這選戰匹配，可以放在歷史上，行之久遠，在一段時間後拿出來看仍舊有意義的故事。

要知道，這樣的期待在廣告操作上是有點不尋常的，因為傳統廣告都講究即時效應，最好廣告一播，銷售數字就起來。傳統的期待已是過去式，甚至可說是遠古時代原始人的期待。現代人多少已有抗體，不輕易被廣告感染（意思是原始人抵抗力較差），所以新一代的思維應該是，我們創作一個故事，最好不太像廣告，然後人們喜愛，並為你傳講。

一個作品首先會被討論到的時間元素，是播放的素材時間長短，另個時間元素就是存留在人們腦海的時間長短。就如同我的客戶柯先生的不尋常，我期盼我提出的故事也能夠不尋常，這故事不只在被播放的那幾秒鐘裡有人願意看，而且在那幾秒鐘過後的幾十秒、幾百秒甚至到幾十年後，都還有人願意從 Youtube 上看（不過那時或許不是叫 Youtube）。

我想，這樣的故事不容易想，所以我就去睡覺了。

柯P的「這票你聽孩子的話」，就是這樣的情形，我起床，禱告，求神幫助，然後坐在我們家巨大的白色餐桌前。屁股下是明朝古董椅，腰間是隻滾燙的臘腸狗為我虛薄自慚的創意加溫，從背在肩上的小皮袋掏出並旋轉開妻送我的鋼筆，翻開我隨身攜帶的小小筆記本，一個字一個字寫下，沒有遲疑，沒有修改，一次寫就，搞定。總共大約十五分鐘，不久，是我平常跑步時間的三分之一，但我希望它會跑得比我遠，跑到人心裡去。

那並沒什麼了不起的，那是靈光一閃，我只是降靈儀式中的小零件，那是別人給的故事，我只是轉述，只是我剛好也在這故事裡。

如同游泳，水面上看似輕鬆寫意，水面下全是拚搏掙扎。關於這議題，我至少已經想了六年，閱讀各種觀點，觀察辯證痛苦對話，每天都在想，但都只是放在心裡，仔細聆聽反覆查驗，也不隨意跟人討論，它一直都在。只是那案子適合讓這故事被說出來而已。

消費者洞察

我常開玩笑說 insight 是現代行銷界的髒字，被過分濫用，導致失去它原本的珍貴。就好像網路上現在說「神人」，好像也沒有那麼神了。這從來不是詞語本身的錯，比較像是我們心智上的懶惰，懶得尋求精確，懶得好好琢磨，就像我們在其他事務上的態度一樣。

以 insight 而言，許多人會把它翻譯成「洞察」，甚至更具體的定義為「消費者洞察」。

對我而言，這「消費者洞察」其實沒有問題，只是太多

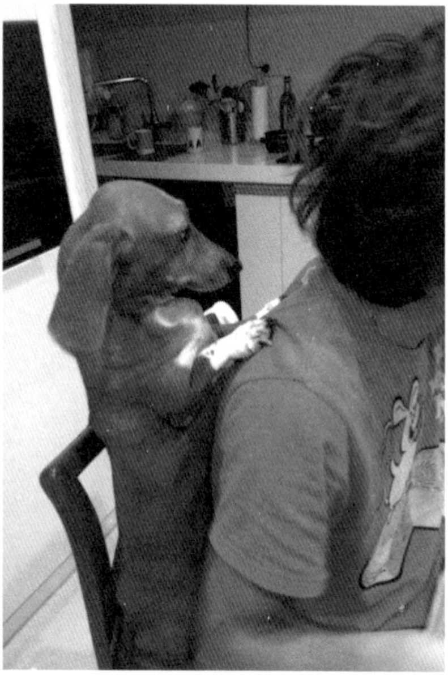

每回坐在我的明式傢俱座椅上，果主人必跑來湊熱鬧，
於是我倆彼此取著暖，好讓我繼續寫下去。

的「消費者洞察」並不是真的「洞察」，既沒有在消費者身上挖個洞仔細觀察消費者的心，有時甚至連消費者是誰都不是很明確。比方說，對於咖啡的消費者洞察是想睡覺時就會喝，這幾乎只算是常識性的東西，遠遠沒有嘗試性，更別提有什麼創新洞見，隨之思想出來想打動人的故事，大概也就很難有什麼動搖的可能，十分可惜。

我的經驗告訴我，通常抓到一個精準的 insight，它帶來的幫助是非常驚人的。因為知道對方心裡想什麼，欠缺的是什麼，想要的是什麼，或者痛苦的是什麼，隨之而來想出精采的故事才能真的精采有效，這個對話才成立。否則你講得半死，對方睡得半死，對這世界更只是資源浪費。

所以我自己的公司「喀之窩」，slogan 是「搔到癢處」，雖然看似低俗粗鄙，但積極實用，總比講得冠冕堂皇，卻眼高手低，假高尚之名，大行破壞地球之實來得好。

總之，尋找到 insight，至少我們可以止癢，或者有時還能讓對方心癢癢呢。

一起去看看內在風景

我想，我們可不可以更詩意地把這 insight 翻譯成內在的風景？

讓自己對世界保持興趣，
可以幫助我們發現事物的核心。

我們每次到國外玩，進海關查驗，通常都會回答旅行目的。雖然像我就習慣回答一大串「我讀過一本短篇小說，女主角在你們的一個小鎮裡吃完難吃的午餐後，要去市政廳公證結婚，未婚夫卻在要把車子開出時，只因為有人來敲玻璃就突然打消結婚的念頭，把那女主角送去車站送走了……我想去那個餐廳喝咖啡。」一般人普遍來說都會簡單的回答 sight seeing，我每次就在想，對呀，那難道我們不能來個 insight seeing 嗎？

如果這樣思考，會不會比較能幫助我們工作呢？

你會去 sight seeing，首先意味著這地方你不熟悉，你想看到點什麼不一樣的，進一步，和你過往人生認知不同的東西。這樣的定義，會不會幫助我們挪開門戶之見，想以新鮮的眼睛去看看人們內裡的風景呢？會不會幫助我們以稍稍認真但不疲乏的心情享受眼前的工作？

好啦，我承認我很怕無聊，我也承認我很貪玩，不怕工作，只怕工作疲乏，多數時候，我們不是缺乏創意，我們是缺乏興趣。

讓自己對世界保持興趣，可以幫助我們發現事物的核心，也會讓我們更真心聆聽。最簡單的例子，眼前是一位從沒見過的俊男美女，或者是你媽媽在跟你說話，哪種你比較會轉過頭來，看著他的眼睛，聽他說話？哪種你會比較想知道他內心的風景（這是舉例，媽媽我都有聽你說話喔～）？

你看看每年影展的最大獎，都深入人心，我想每位創作者都是把自己當成一個探險家，頂著頭燈，鑽進長長黝黑的洞穴，去把那人心裡未曾揭露的風景給帶回來。

台北市民的內心風景

以「柯文哲」這品牌而言，所要面對的消費者，也就是所謂的「台北市選民」而言，消費者洞察該是什麼呢？內心風景到底是什麼呢？

我想是對貧富差距激烈的困惑和痛苦。

我今年三十八歲，比我大二十歲和比我小二十歲的，都在這個情緒裡。這群人不可說不多，甚至幾乎是台灣社會現在主要的勞動人口，但這麼集體且具體的情緒，如此確切且一致，多少會讓思考我們是不是需要醫治？

多數時候，我們不是缺乏創意，
我們是缺乏興趣。

我的意思是，台灣絕對是多元且複雜的，這點你可以去問問任何社會學家，對於各議題，人們因為立場、背景、產業、族群而有不同意見，卻罕見地在這議題上有極為接近的看法。

我坐計程車和司機聊天，吃魯肉飯和手沒停過的老闆聊天，去公園跑步和遛狗的媽媽聊天，在課堂上和大學生聊天，在工作上和在知名外商公司的上班族聊天，大家彷彿一致說好了，給我非常相近的印象。北市民多數的內在風景很相像，覺得自己相對被剝削，不清楚未來如何，唯一清楚的是苦悶。

本來只是辛苦，後來卻是痛苦，而愈晚投入這世界的，感受愈強烈，甚至可以說是激烈。加班時數達全球第二，生育率為全球最低，再加上黑心油等食安案的暴發，連最基本的安全感都消失，更別提生物本能的種族繁衍都無能為力。這樣的心理狀態，或許並不能完全說是經濟環境造成，但明確的是整體人民的缺乏自信心，彷若無奈但苦拖著腳步前行，但目的地煙霧瀰漫、不知所終。最難受的是腳上痛苦身體疲酷，身旁卻有人開著跑車呼嘯而過，開心揚長而去。

尤其這個物質上的傾斜，已經造成心靈上的崩痛，我們可以看到心理上的崩痛在年齡層愈往下降愈嚴重。比我小十歲的年輕人很難在經濟上有收穫，距離自有的房子更遙遠。小我二十歲的年輕人，只求溫飽，以及薪水負擔得起房租和伙食費。在學校的害怕出學校，出學校的怕進不了公司，進公司的不知道自己哪時可以出公司，幾點可以下班。

這風景不能說是美麗，但卻是真實無比。
下個題目是，這適合呈現嗎？還有該如何呈現？
不失禮的說出真相，有時比真相更難以駕馭，但總比不說出真相來得好。
人們已經厭倦欺騙，尤其是廣告。

5

這票你聽孩子的話之三

現實的背景是，人們厭惡圓滑了，

人們厭倦講一套做一套，

厭倦那種冠冕堂皇、日後卻臭不可聞的人物了。

「政治素人」代表的其實是，

不那麼工於心計，不那麼城府，

或者也就是誠實。

UBO（Unique Brand Offer），許多人看到英文就害怕，也有許多看到英文就覺得了不起，其實這些都有點多餘，英文跟台語一樣，只是溝通工具，講的東西是什麼比較重要。通常在廣告公司，我們會有不同的體系，也有不同的術語，但這些其實只是為了幫助溝通的溝通，以UBO而言，你可以簡單地把它翻譯成「品牌獨特提供」，反正就是品牌特點，這品牌和競爭品牌最大的不同點、值得拿出來溝通的部分。

以柯先生而言，給我brief的柯辦林志玲認為是，誠實。

柯先生的UBO

通常我會再想一想。很多時候客戶提供的UBO，是從生產方出發的思考，對於消費者的意義不一定大。比方說，我就看過許多品牌提出的UBO說是，讓人有飽足感。但基本上，只要是食物都有，換言之，這不是多了不起的特點，當他被放到傳播市場上時，更是吃虧。但常有人因為客戶這樣說所以就這樣做了，我總覺得這樣不太妙，因為你完全把自己的不可取代性給放棄了。

對於客戶的brief，你沒有經過思考消化，就照單全收，一來你把自己給綁架了，繩子還在別人手上，你應該爭取至少繩頭在自己手上，這樣你才能解這個結。

第二個理由更是現實到不行，如果你都不經思考就照做，那你和其他創意工作者有什麼兩樣？如果我是客戶，今天要換你就換你，反正你就只是手，就只是義肢，會奉承我請我吃飯的義肢又如何？我想換另一支比較便宜的不行嗎？說不定握起來質感更細緻更不刮手更聽話？請別誤會，我的意思不是你要努力成為一個造型優雅質地細膩的義肢，而是你不該成為隨換隨用的義肢，你該成為有腦有心的人。

你得思考過，把其他的可能性爬梳過一遍，除了確認傳播重點外，也在幫助你進入狀況，讓你的腦子和心靈都更了解這品牌，更能進一步提出有厚度溫度的故事。我比較愛用的字眼是，「浸泡進去」。

放棄思考，就是自我閹割，再幸運也無法稱王（你有聽過哪個太監當國王的嗎）。

虛實之間，決定意義

這邊讓我們花一點時間，思考到底要操作什麼樣的品牌UBO，相對於競爭品牌，這品牌特點真的特別嗎？

以柯文哲為例，他過往傳遞的品牌形象，除了是醫術卓越的醫師外，老實說，就是個政治素人，但政治素人應該稱不上是個特點，只是個狀態描述。你不會因為他是個素人就願意選擇這品牌，我的意思是，你不會因為巷口有家麵包店今天開幕，上面的紅布條寫著大大的「保證從沒做過麵包」，就因此進去買他的麵包（好啦，我可能會，因為我和一般人不一樣，我很無聊）。

那麼你會挑戰說，那為什麼記者很常提到這點呢？嗯，我也不清楚原因，就好像你不是很清楚許多記者慣常在緊急救難現場問的問題，對著身上傷勢嚴重綁帶遮住身體多數部位的傷者，問說「你現在很痛嗎？」我的意思是，媒體許多的話語，因為快速即時，恐怕也沒經過夠長的時間深思熟慮，也或者他們和我們的目標需求不同，我們當然得用自己的方式去思考，做好我們自己的工作。

別誤會，不是說在媒體上的話語不重要，那絕對是品牌形象最要的呈現，而是，潛藏在表象下的重點是什麼呢？就如同每個廣告最後呈現的樣貌，是用來溝通品牌的，我們想要問的是，這事物的本質是什麼？

細膩，才能從原子找到原子彈

媒體的定位絕對有其參考價值，「政治素人」這名詞絕對有傳播力，但不一定適合我們眼前的競爭賽局，尤其當你對照另一品牌時，難道對方不也是「政治素人」嗎？

我們可以細膩一點，因為我們是專業人士，就像Kobe看籃球賽會比一般觀眾看得深入，我們可以思考這個「政治素人」名詞背後的意義。

過去，一般人會覺得政治從業者是高明的，需要極好的協調能力，需要極佳的社會化過程。我想若以這角度檢視，柯這品牌是居劣勢的，可能在鄉鎮長選舉就出局了，我猜就算是選村長可能也沒有機會拿到廣播的麥克風，因為他似乎不太圓滑。

但現實的背景是，人們厭惡圓滑了，人們厭倦講一套做一套，厭倦那種冠冕堂皇、日後卻臭不可聞的人物了。「政治素人」代表的其實是，不那麼工於心計，不那麼城府，或者也就是誠實。

另一個有趣的觀察，過往我們對自閉症，總是有許多避諱，甚至避而不談，多少把它當作一種精神疾病，其中有許多誤解，也有很多的不想了解。但沒想到亞斯柏格症在這樣一個時代，直言不諱的特性，卻反而成為柯P這品牌的一個特性（當然所謂的講錯話，還是很困擾啦）。

以前我們常會強調的聰明才智呢？也許，也不必過度在傳播上強調，畢竟人們已經知道。同時，現在的競爭品牌（政治人物），博士好像是基本盤，稱不上是什麼品牌特點了。最重要的是，我們要選擇的是，要投注原子般的資源去運用操作，期望可創造出原子彈威力的特點呀。

UBO和insight沒交集，就焦急了

標準動作裡，我們要把UBO和insight交集，並創造出concept，也就是概念。一個故事的概念、傳播的概念，希望讓聽到故事的對方，能夠有模糊的印象，或粗略可以記得的東西。

但麻煩的是，有時候，兩者不一定有交集。也就是說，你的品牌能夠提供的和消費者真正在意的，不一定有關係。那麼，當你硬講的時候，不但不會有效果，甚至可能會有反效果，不可不慎。

當你發現兩者對不起來，一定有問題，一定得回頭再去找一個可以對應的品牌特點，因

為消費者最大，消費者的 insight 更大。有些品牌非常「自己導向」（包含商品導向、老闆導向），單純地想講自己的產品多優秀，卻不理會消費者可能希望你先了解他的問題。就好像對著一個想要有安定家庭的女孩子，拚命說你開起跑車來超快超帥氣的，實在不是一個談戀愛、建立關係的好方法。

柯P的誠實，對應於消費者內心風景呈現對貧富差距的苦惱困窘，總覺似乎可以應和。說出人們不願意碰觸的真相，我相信一定會有效果，但用愛心說誠實話是重要的，要有公義更該有憐憫，我不想做一個只會指著別人鼻子罵的傢伙，那可不是我們家的家教呀，也不會有太好的效果。

因此，把 concept 定成「誠實說出人們對現狀的苦惱」，可以一方面表現柯文哲誠實的一面，一方面又能回應消費者內心風景，當然若再進一步以柯先生當時的品牌 Slogan「改變成真」來檢視也是相合的，因此我覺得這應該會成功。

概念的發展：一句說都不會話

只是有了概念，接著要思考怎麼說，也就是 idea。

很喜歡小時候媽媽常念我的「一句說都不會話」。注意，如果你不留神看過去，就覺得沒錯，但其實該是「一句話都不會說」呀，哈哈，尤其用台語講，聽來更有種不協調感。

謝謝媽媽，從以前就提醒我說話的藝術。也因為我天性叛逆，最討厭人家吩咐我什麼，通常愈叫我該怎樣，我就愈不願意怎樣。我不知道你們有沒有這種經驗，看到按鈕旁告示寫說「請勿任意按壓」，就很想去壓看看會怎麼樣，不管是列車上或是廁所裡的小紅鈕。還有，像百貨公司裡總有一條長長的線繩自天花板垂下來，還會加上個以楷體字寫的「請勿拉扯」小牌，我總是望呀望的出神，就伸出手去拉他一下。當然，結果就是一片警報聲，狼狽無比（如果你不知道我在說什麼，其實就是緊急排煙裝置啦）。

我個人這些慘痛的教訓告訴我，有時你講的人家不一定想聽，聽了也不一定會照你要的做。

終究，得來想想目標族群在意的說話方式，除了談論的內容在意以外，如何談也是重點。換句話說，找到 What to say 之後，可能還要考慮 How to say。「概念」是這樣的東西，你講的方式決定這段話的價值。

與其講述對方同意的，不如講對方同感的

我還有個有趣的觀察，與其講述對方同意的，不如講對方同感的。

和這群四十五歲以上的台北市民對話，你覺得直接好呢？還是有其他可能？沒錯，多數廣告都會告訴你說要直接。不過我想，人們接觸太多直接的東西後，或許會想要有點間接的。說起來，應該沒有故事是直接告訴你結局的吧？而我除了間接外，更想直接，直接碰觸人的心，給心臟來個按摩，讓疲乏已久的人心重新跳動。

難嗎？當然很難，所以我選擇不要從說故事者的角度出發，而是思考，聽故事的這群人最在意什麼？

一位四十五歲以上在台北市生活的成年人，我試著想像他們的樣貌。他們大概有工作，甚至有事業，多半有儲蓄習慣，下半輩子大概有點著落。以人口分布來看相對屬於收入中高者，對於現狀憂心，但較少被剝奪，甚至在社經地位上已有累積，選擇傾向保守，期待不改變。

換言之，他們是不容易被改變的，因為他們擁有，儘管不一定最多，但比起家庭裡的其他成員，他們擁有最多資源，無論是經濟或社會地位。他們自信，對自己的判斷有信心，可能也對自己曾經的、二十幾年的努力付出驕傲。

目標族群不只是目標族群，他們是人。

還有個重點是，這群人並不容易被說服，這點你可以從市場上的廣告發現，多數廣告是給年輕人看的，以壯年人為目標的並不是那麼多，雖然他們經濟能力較佳，但普遍也都較有主見，不易被影響。因為他們就算不具有影響力，也認為自己具有影響力（這不是繞口令，是我的觀察啦！）所以，想與他們對話，恐怕要有更細膩的思考，題目就是不只要講出他們同意的，更該講出他們有同感的，而且這感，若是感動更好。

這邊有個重大的提醒，尤其是針對專業人士自居的我們。

當我們成為專業人士後，很習慣使用專業術語，在呈現專業技能的時候，不免也有那麼點不是刻意的賣弄，但要小心的是，有時唯一欺哄到的人竟是自己。我的意思是，當你把活生生的人換成專有名詞後，自己不免也會忘記細節。以這個案例而言，我們可能就會用「選民」這個詞來定義我們的溝通對象，「選民」當然沒有問題，但就發想而言是個過度窄化的詞，你只會想到政黨取向，你只會想到藍綠分布，這些都對。但有時候，真的太對了，導致你忘記他們先是個人，後來才有選民這身分。

也就是說，當你過度的利益導向，只想到自己的溝通目的，會很容易忘記眼前的對象，其實是個活生生的人。

目標族群不只是目標族群，他們是人。

這是我自己多年在外商廣告公司工作的體悟，真的很容易因為工作繁多，為了加快工作流程，而把每個對象平板化單調化，以生產線的方式套公式，看似快速有效率，其實有點冰冷，給個不會出大錯可想而知的答案，好消化工作，因為已經幾乎天天加班了。

這當然無可厚非，因為效率很重要，但後來也聽到柯P提到，醫生也有類似狀況。從剛入行到上手再到資深，會經歷先看到一個完整的病人，到只看得到對方的器官，只想到要醫治對方單一的器官，最後又成熟到能看到一個完整的人甚至一個家庭的未來，去思考整體的solution。

我想提醒的是，面對與人有關的事，效率固然很重要，但效率的定義是效果除以時間，要是作為分子的「效果」接近零，那麼作為分母的時間再小，效率也只會趨近於零，說起來，不追求人，只追求效率，只會追到空氣。

你看得出是什麼人，才講得出人想聽的什麼。

與其溝通目的，不如溝通人性

同樣的，面對你的消費者，你也是先成為一個人，才成為品牌溝通者，或者我們說，「說故事的人」。

作為一個人，如何與另一個人對話？這才是這個工作的本質。

我就想，那怎麼跟他們談呢？他或她在生命裡最在意什麼？工作？生活？都是，但也都不是，因為就人口分布而言，他們的年齡層是相對擁有者，痛苦指數也許高但可能還在忍受範圍內。比方說，他們可能也會嫌台北市房價高，但他們因為在二十年前就已購屋，所以比起年輕首購族看房子像看月球的距離，他們可能比較只是在抱怨，而還不到痛苦。

但也許比起他們自己，他們更加在意他們的孩子。

爸爸給我的啟發

我的父親滿有智慧，十分關心時事，一天看四份報紙，而且是花上頗長時間研讀，對政治更有一套讀到的見解。就算那時在安寧病房裡，還在努力計算預估各黨派的得票數，預測誰將贏得總統大選。對於政治，他自有定見。

我想著，如果我有一個議題想引起他注意，和他對話，我會怎麼跟他談呢？

我想到，他吃什麼都好，但要買什麼給我們吃，總是琢磨再三，甚至不惜東市買肉圓，西市買炒飯，南市買小卷，北市買意麵，東奔西跑比花木蘭還勤奮，只為了給他的孩子吃。

我的父親若用世界上的金錢標準來看，可能還好，但若用神國的標準，應該會滿分。在他有限的日子裡，他總是不在意自己，但在乎我們很多很多。

我的父親自己什麼都可以忍耐，唯獨無法忍受自己的孩子受苦。一個月薪不到四萬元，卻能負擔我和妹妹的大學學雜費，還每個月給我一萬元生活費，加上要照顧失憶症的媽媽。多年後才知道家裡經濟狀況的我，始終不清楚他是怎麼變魔術的，但我清楚知道他愛我們的心。所以我想，對這群難以說服的父母們，也許不應該直指他們的處境，而應該去談他們孩子未來或現在正經歷的處境，當然這也可以幫助他們省思自身面對的處境。

一如我現在正在哺乳的妻子，只要心裡想到剛出生的孩子，乳汁就會分泌，這是多麼神奇的設計呀！對上帝奇妙讚嘆的我，儘管製作廣告當時，孩子還在妻的腹中，我尚不了解這層道理，但將為人父的我卻直覺認為應該來溝通「孩子」這件事。

因為那是人最基本的事，至少會願意聽看看，停下來思索。至少這是個事實，至少他其中有神的美意在。

從好友沈可尚和盧元奇導演所創作的影片「遙遠星球的孩子」裡，我學習到人腦中有種奇妙的組織叫作「鏡像神經元」。簡單來說，它的功能就是人們可以模仿，甚至進一步替人設身處地著想。比方說，當你在旁邊看到有人切菜不小心切到手指而流血，心裡也會覺得有點痛，甚至有些人的「鏡像神經元」更加發達，於是就會更加的悲天憫人，更把社會的利益擺前面一點。

有時比起溝通他們在意的什麼，還不如溝通他們在意的，誰

像這樣，創意的工作，多數時候不在證明自己有多聰明，我倒覺得比較像是誰多了解世界一點，多認識人一些。而那樣的功夫，不會在你接到工作才開始，在你的生活裡，在你每天的日常中，你得比別人專注認真的活，你要大量的對人有興趣，並累積知識。

在某些議題場域上，可以不必那麼直接，因為直接也會帶來直接的回絕，因此在確認概念後，更細膩地找出說話的方式，也就是我們定義的 idea。

以這個案例來說，concept 定成「誠實說出人們對現狀的苦惱」，透過改變說話的角度，邀請目標族群思索孩子現在或未來十年、二十年的處境，轉換了指涉的對象，但對話的對

象可能會更有感動，更願意參與對話，因此 idea 也許可以定為，「你有多久沒聽你的孩子說話？」

這整個思考過程，我細細地剖出來給你看，看似複雜但其實單純，看似費時但其實每個思考的環節都很值得，而且當你養成習慣，先關心人，有時理解人性，並不會比搞懂錢來得困難。

因為你也是人，你應該、也一定要懂人。

還有，當你在找到人性的過程中，你沒有必要一直坐在辦公室裡。我在整個思考的時間裡，一直晃，一直喝咖啡，一直打球，一直聊天，看起來很懶散，但我其實一直在蒐集資料，一直在確認我的判斷。每個職業身分的人們，都是我們的老師，對，就是老師。你不一定要繳學費，但你至少要專心傾聽，而且保證會有所得。

接著要談 material 素材，也就是最後的產出。許多人對這部分比較著迷，畢竟這就是最後在電視上網路上大家看到的作品，但容我再重複一次，

不謙卑的去理解人，你是怎樣也驕傲不起來的。

6

這票你聽孩子的話之四

當我在小本子上落下這一句以後，一切就清晰了起來，

彷彿近視去配眼鏡時，

醫生把鏡片一塊塊夾入那帥氣鐵框鏡架中。

當那正確觀看世界的角度被抓住時，

隨著鏡片的滑入，一切眼前的景物，開始成形，

線條勾出，細節明確出現，

焦點開始清晰，一句一句變得明確。

簡單說來，我們一定知道什麼是政客嘴臉，我們一定不會喜歡，但，不是政客嘴臉又該是什麼嘴臉呢？

我一邊跟我們家的狗果果玩，一邊問牠。牠的臉長得算是好看的，雖然個性很北七，但終究是我的果主人，我十分尊敬他。

看著果主人白痴大笑但討喜的臉，我想著，我到底討厭怎樣的作品？我討厭滿街都是的、高掛在我喜歡的行道樹上、遮去了翠綠葉子的招牌。我雖然是廣告人，但我跟多數人一樣覺得廣告不該喧賓奪主，破壞城市美感。尤其，長相既無法撫慰人心，卻又強迫推銷，硬是占據我們日常生活視野，讓人過個馬路都得面對虛偽笑容和千篇一律奇怪手勢的競選人照片。除非有必要的理由，不然絕不想選擇這樣擺明著偽善的品牌。

那到底要用什麼樣的面容呢？

到底要不要臉呢？

一邊摸著跳來跳去的狗臉（這話很怪，但是真的），我繼續往下想，如果一個品牌平日並無顯著功能，又無獨特願景方向，只想在人們選擇品牌時大量曝光自己的長相，那麼也許頂多得到記憶度，但並不會有好感度，更不會有品牌指名度。那還不如不要做廣告。

反過來說，如果到了消費者要做決策選擇的關鍵時刻，卻還完全不認得你的長相（好啦，據說有些小型地方選舉是如此），那表示你根本沒有進入決選圈，換句話說，就算現在捧著張大臉，可能效果也不大。

（其實，這完全可以放在品牌行銷的範疇裡檢視，人家不喜歡你時，你把 Logo 放滿螢幕，並不會改變認知。）

欸，還是不一定要有嘴臉？

想來想去，對呀，誰不知道柯P的長相呢？如果有人不知道，那人大概不會有選票，也不會是目標族群，因此柯P露不露臉真的很不重要。更何況我們現在的 concept 和 idea 的內容，也跟這個人的面相如何無關呀（我也不知道是不是有哪個品牌會操作面相啦……），那又何必露臉？

我想這和許多傳統廣告的慣性作法有點背離，但你仔細爬梳人們的心理狀態，便會覺得合乎邏輯（不要浪費你的資源，集中化，不要讓消費者分心，我們平常都很會講，但真的要做的時候，不知為何就會選擇性地忘記）。

更重要的是，我們想對話的對象，甚至可能對柯P並沒有高度的認同與認識，既然要藉由這個作品創造他們的關心和贏得可能的進一步認同，那更不該把目的當手段來用，把他的臉拿出來使，可能接著一句話人家都不想聽。

所以，一邊摸著跳來跳去的狗臉（還在跳），我決定做一個沒有競選人的競選廣告。用想法吸引人的認同，就像每個政治家本來就該做的事一樣。

到這裡，我只知道要做一個沒有柯P的柯P廣告，好像毫無進展，不過沒人會想要這麼做，那至少就排除掉一大堆的競爭者了，不是嗎？

謝謝你呀，果主人（繼續如舞獅般跳躍）。

真心誠意，但絕不說出真心誠意這幾個字

我自己有些彆扭的地方，比方說，「我愛你」，如果大家都習慣直接說出口，我就不想要

那樣。

同樣的，我覺得這作品一定要很真誠，但絕對不可以在話語裡出現真誠這兩個字，說了就不真誠了。

因此，作品的表現形式應該要非常真誠，讓人一眼看透，好像心臟貼著心臟跳動，而不是我們自己在那邊喊著有多真心。

我也考慮用傳統演出一個故事的方式，但琢磨再三，也真的沒有一個喜歡的傳統敘事型故事來到我身邊。我雖然有點不知道怎麼樣才好，但心中滿有盼望，總覺得這是祝福，會有更好的故事來找我的。只要我一直在找他。

一定有的，你要相信。

誰投籃最準？

我喜歡打籃球，球齡已有二十五年，一直到現在還是每個星期都打。我不知道別人如何，但我知道怎樣讓球進，就是繼續投。

你一直投，你就會進的比較多，你不投，就不會進。想出好作品，常常需要許多神蹟奇事，但其實也符合統計學，你多投幾球就會多進幾球；因此你若多想，就會有更多想法，更多想法就會有機會找到更好的作品。

在那之前，就耐心等候，耐住性子，繼續投籃。

還有，讓你的身體記住那個投籃的感覺。

NBA知名的三分射手就說過，投三分球沒什麼難的，就投出去就是了。重點是，當你投進時，記住那個感覺。

投籃最準的人，不一定是在場下投進最多球的人，但他們通常是在場下投最多球的人。重點是在比賽的時候，投出好球。

好球員，就是保持健康，保持信念，保持動能。好的創作者也是。

那一天的前一天

我不抱佛腳，但我準備到最後。

也就是說，我不隨便放棄思考，一定會盡其可能地使用資源，包含時間。但是，時間是個美妙的東西，他會讓你必須做出決定，也因此有了作品，在那之前，很單純，你就沒有恐懼的好好想。

好球員，就是保持健康，保持信念，
保持動能。好的創作者也是。

如果給每個人一百年，一定可以想出一個好故事，但每個人都不會想花一百年只想出一個故事。

因為我們習慣工業時代的生產思維，覺得做愈多件愈好，但多數時候，那只能稱之為產品，稱不上作品。

我們應該做很多作品，然後從中找出好作品，也就是要有所挑選。當然那應該是在預留充分準備整理的時間狀況下，每個人情況不同，但以我來說，大概就會是提案前一天早上完成，好讓我下午和晚上可以去玩，放鬆心情，迎接隔天的提案。

前一天的早上，早晨起來，做核心運動，煮好咖啡，禱告，拿出紙筆，寫下來，完成。

在禱告前，我並不知道我要用哪個想法，禱告後，我也不確定，但當我拿起筆來時，文字就自己隨鋼筆尖的墨水流洩，因為我已經給它充分的時間發想，做了足夠多的田野調查，和足夠多的人聊天，有足夠多的養分讓骨肉慢慢生成。

投的球夠多，球就會進。

詩意

我想寫一首詩，一來那不會太貿然，太指著誰的鼻子罵，那從來不會是我想要的。二來以現在的廣告而言，這形式較少見，有機會讓相較不多的曝光機會有最好的吸引力。第三，因為我愛寫，我會寫。

過去做「左岸咖啡館」時，我們曾為了一篇文字寫上一、兩週，寫上一百篇，一直寫，最後不就只是那幾行字，但卻可以留下來很久。只是現在這樣的機會少了，我們習慣聲光效果的大量衝擊，久而久之甚至會有點麻木（請問「變形金剛」第三集的劇情是什麼？）。此時以純粹的形式來對話，正可以反其道而行，吸引人們讀進去，且符合我想讓這作品比一般的廣告有歷史價值，在時間過後還值得被閱讀被觀看的企圖。

另外，以詩的形式表現還有個好處，可以創造想像空間。輕輕的敲門，而不是大聲吆喝強力推銷，反而會在心房帶來迴響，邀人沉思。同時，較多的文字承載量也讓我們有機會陳述更多我們意識到的問題的不同面向。

我不抱佛腳，
但我準備到最後。

做擅長的事，做喜歡的事，
並謙卑地盡其可能地，讓這件事是件好事。

給這城市一首詩，給人心一首詩，這是我想做的事。

所以，我就在我的小本子上寫下了。

「你有多久沒聽你的孩子說話？」

萬事起頭難，當我在小本子上落下這一句以後，一切就清晰了起來。彷彿近視配眼鏡時，醫生把鏡片一塊塊夾入那帥氣鐵框鏡架中。當那正確觀看世界的角度被抓住時，隨著鏡片的滑入，一切眼前的景物開始成形，線條勾出，細節明確出現，焦點開始清晰，一句一句變得明確，我的手被牽著握住筆桿，毫不費力，把心裡的話語，平靜地一筆一劃寫好。

每個人的創作習慣不同，我喜歡一次寫下來再修改。好玩的是，這次竟沒有經過太多修改。一個多星期來持續思考的壓力有點大，面對歷史的不知所措，讓手中的筆感覺有點重，但心卻因為寫出來而輕鬆了，不知為何竟有一種告白後如釋重負的心情。

當時寫下的文案如下：

你有多久沒聽你的孩子說話？
你知道他們擔心什麼？
生活從來就不是容易的
他們擔心沒有工作
他們擔心沒有房子
他們不敢生孩子
後來又生不出孩子
他們認真面對每個挑戰
但被迫吞下肚的都不是真的

你有多久沒有聽你孩子說話？
你知道他們擔心什麼？
他們跟當初的你一樣努力、認真
但他們得到的跟你不一樣
他們被欺負
他們不敢想像在你的年紀，有跟你一樣的生活

他們不敢想有錢
只想要安全
而連這樣想，都不太保險

你有多久沒聽你的孩子說話？
你知道他們擔心什麼？
他們擔心你不聽他們說話
這城不再誠實
這城壓迫你的孩子
資源集中在少數人的手上

孩子受傷
你會幫忙
那受罪呢？

或許你無法給你孩子工作
你無法給你孩子另一個房子

你更給不了你孩子一個孩子
但你可以像他們小時候一樣
保護他們
幫助他們
這次你不為自己投票
你為你的孩子投票
你為你的孫子投票

真實的力量最穿透

接著就是影片的風格思考了。一如文字的誠懇直白，我認為影像也要能夠有相映襯的樣貌支撐。仔細考慮之後，我想以台北市井小民的心聲出發，藉真實形式操作，蒐羅台北市年長者的生活樣貌。舉凡巷弄、公園、市場、街道、捷運、公車、上下班，間雜數處市政挑戰（大巨蛋路樹、雙子星、帝寶），讓成熟長者的影像呈現，讓公民關心社會的氣象被看見，透過一個客觀的眼睛觀看，關注這城的挑戰和心情。

我想得很單純，也希望這影像很單純，去除許多廣告手法上的炫技，原原本本實實在在地，把真的東西拿出來，因為我相信人們已經厭倦虛假，對空言大話疲憊。

真實，將在最重要時候顯像，並在歷史上定格。

客廳小革命

進一步的，一個負責任的創意工作者，應該思考故事如何被人們聽到，也就是媒體傳播策略。因為當你做出一個很棒的故事，但聽到的人，只有你的家人，那麼影響力一定很小，也對這個精采的故事不公平。

由於柯P的預算有限，不如對手的海洋艦隊，要讓這相較如原子般渺小的資源發揮原子彈的威力，除了要有好故事外，還要有好的讓人聽到故事的方法。

之前柯辦的夥伴就大量操作網路行銷，有許多精采且進步的作法，我總是建議一般商業品牌操作者都應當仔細觀察、好好學習，因為和多數消費族群是完全相符的。

我們這支片的製作規模雖然和一般商業廣告相差無幾，預算甚至稍稍再下修一些，屬於合理但比較小的預算。儘管如此，對柯辦來說卻仍是比例上十分重大的支出，畢竟他們不是營利組織，無法靠賣出商品獲得利潤回本，一分一毫更是來自不容易的捐款，勢必要有更多出奇制勝的方法，否則對不起自己，更對不起新台幣。

我們想到從新網路反攻主流媒體，讓年輕世代有機會反過來邀父母聆聽，製作一長版影片，從長者的角度出發，提醒年長者該傾聽年輕人的需要，好在關鍵時刻為年輕人的未來投票。讓網路上大量討論，甚至藉由社群網站散布，以不需要過分大量的媒體預算，增加討論頻次，而網路族群的快速分享傳遞，更會造成真正的閱聽。同時相信若內容精采，一定可以贏得媒體報導，快速創造賺得媒體，也就是 earned media，這在現代傳播學裡已經成為真正的兵家必爭之地。

接著鼓勵年輕人轉傳分享給父母看或回家邀父母觀看，創造這城市裡每個家庭客廳裡的小革命，不流血，不損耗過多地球資源，只有增加世代的親密感。

講什麼很重要，誰講的也重要

基本上，這樣的媒體策略，和傳統的電視媒體先行而後在網路發酵完全不同。出發點自然是和資源不如對方豐沛充足有關，但真正的策略 beauty 其實是在於「分享」，把所有年輕人變成我們的媒體，讓他們用各自的方式和父母對話。

這當然符合我們之前一直在談的策略推導，讓具政經地位相對優勢的父母省思，也許自己過的還可以，但自己的孩子和孫子可真不太行，你很難讓他們在你的年紀過跟你一樣的生活，並且思考，為什麼資源會過度集中在少數人身上？

但最重要的是，我們判斷，現代都會族群多數對傳統媒體不具高度信任感，同時也對過度的喧鬧誇大厭惡，因此對許多媒體反應漸趨反感。也就是說，從何處以何種方式獲得訊息是重要的。如果今天是你的朋友叫你看的，你會看，但電視上花一億元預算疲勞轟炸播的，你可能不想看只覺得煩。

我有個觀察，電視上的廣告，人們已具免疫力，而家人朋友分享的影片，人們卻會主動搜尋、打開、觀看之後再分享。這不單是在觀看次數上的差別，而是對內容物的關心程度，有非常非常激烈的差異。

道理很簡單，你去過幼兒園嗎？孩子很可愛，但在尖銳興奮的叫聲交織成一種固體時，待十五分鐘你就會覺得耳朵有種嗡嗡聲，你無法聽清楚話語的內容，連我這麼喜歡小朋友的人，都不太想聽。而我們的觀眾，若簡單的以台灣媒體大量開放後的時間計算，可能已經聽了十五年以上，浸泡在尖叫聲中，耳膜都快生繭了啊！

何況如果是一群陌生人，又沒有幼兒們可愛的笑容，在密閉空間裡集體瘋狂尖叫？這時要是你愛的人把你拉出那環境，在你耳邊輕聲細語，你不會想聽聽他說什麼嗎？

我相信，講什麼很重要，誰講給你聽、講的方式也很重要。

奇妙的提案

帶著想法去和柯辦林志玲開會時，心裡其實是忐忑的。因為雖然我對自己的想法很是努力，也對真實形式的影響力很有信心，但畢竟，作品是需要眾人共識產生的，你做出好東西，也要對方有好品味接受。更多時候，也不是品味好壞的問題，而是時機、資源大小，甚至只是會議氣氛，就決定了一個作品的能否誕生。

講什麼很重要，誰講給你聽、
講的方式也很重要。

走進會議室時，大家仍在前個會議的熱烈討論中，隨興坐下，我接過工作人員遞來的冰涼可樂，扭開瓶蓋，喝了一口，潤潤因為興奮而口乾的喉嚨。閉眼，因那氣體衝上腦門，也因為禱告，我求神祝福，與這會議同在，與這城同在。

當我睜開眼，開口，會議室裡突然寂靜無聲，每個人緊盯著我，順著長文案一句一句，一個字一個字的念完。念完後，我再說明我對拍攝的想法，期待以真實為依歸來執行，講完，又喝了口可樂，望向大家。

大家臉無表情，回望著我，好像我做錯了什麼。我開始有點緊張，提案不順利沒關係，也不是第一次遇到，這輩子總遇上幾千次了，但得知道問題點才能答辯，才能進一步討論說服，那麼問題是出在哪裡呢？

我掃過眼前每張因長期工作而疲累但仍有光的面孔，有的人可以直視我的眼睛，有的人低下頭去整理筆記，有的人為了閃躲只好緊盯著投影幕上的文字。一路看過去，停留在林志玲臉上，他粗曠的臉龐迎上我的目光，突然，咧嘴一笑。

會議室裡，冷氣壓縮機的聲音占據了空間，似乎有那麼點尷尬，我只好開口問說：「請問大家有沒有問題？」

其中一位夥伴說：「可以看一下文案嗎？」

我連忙請製片幫忙把印好的紙本發下去，瞬間，大家又變成一起低頭讀書的好學生模樣，我看了覺得有趣，心裡也感到滿意，至少你認真想出的東西，對方認真對待。

一會兒，換林志玲發話：「大家有沒有什麼問題？」

這時，有個夥伴發問：「請問導演，這是多長的片子？」

我說明，因為在網路上播放，大約兩分半到三分鐘，是目前人們收看習慣的極限，對方滿意地點點頭。

林志玲跟著說：「還有其他問題嗎？」

其他人說沒有，還有幾位說：「沒有，只是期待。」

林志玲對著我，帶著微笑：「導演，那就拜託了。」

會議結束，我看手錶，只過了半小時，這麼重要的一個會議耶！我有點傻眼。

柯P的手很熱

朋友常問我，幫柯P拍過廣告，他人怎樣？我只會回「他手很熱」。因為我們沒有跟他開過會，唯一有接觸的一次是在一個公開的場合上，他客氣的跟我握手，恐怕也不清楚我是誰。我呢，也只知道他手掌很軟，很溫暖。

我建議各企業老闆們和你的專業人士，也只握手就好，不必過度參與。不然你付給專業經理人的錢很浪費，也讓他們因為你的意見變得不專業。

以這麼重要的一個會議為例，柯P本人從頭到尾並沒有參與，但他授權給專業行銷人，討論明快，方向清楚，回覆快速，這基本上可以說明這組織的充分授權，也呈現「用人不疑，疑人不用」的管理學建議。

常常有老闆覺得奇怪，為什麼自家的廣告看起來比較差，明明用一樣的廣告公司，一樣的導演。那麼仔細想想，當所有變數都相同時，唯一不同的變數（你），就是答案了。

7

這票你聽孩子的話之五

我認為這支片就是該以黑白來呈現，

好讓不再黑白分明的政壇，重新思索是非。

有人說，顏色豐富才漂亮，

我覺得，在這案子上，真心才漂亮。

我習慣在每次的內部製作會議中，找出一個 keyword，好幫助每個團隊成員在各環節進行判斷時有個依據。以這支片來說，我給的 keyword 是「真實」。所以攝影師在思考影片風格和拍攝器材時，要以「真實」為第一要件；casting 在選角時要以「真實」為出發點來遴選演員；場景的挑選、拍攝的時序，製片組在排 rundown 時都必須考慮「真實」。

所以費用不是第一個要考量的，要考慮的是，如何讓真實被用藝術的形式呈現出來。但這其實是很巨大的挑戰，我雖然是導演，主要負責管理的是影片的品質，但我很清楚，其實同時有許多客觀條件是不容易達成的。比方說預算的規模、籌劃拍攝的時間，這兩項基本上，也是多數片子要面對的挑戰。

於是在這樣有限的條件下，我們更需要 keyword，好讓人們知道在難以達成的條件下，可以變通，只要能夠滿足「真實」的必要條件。

真實的形式需要真實的執行

以風格而言，我和攝影師很早就設定要以黑白色調的方式來執行，因為我們想創造紀實攝影的風格，好讓人們感受到影像的誠懇和真實。這從來不是一個容易下的決定，當所有的影片都擁有豔麗豐富的色彩時，你必須要有很強烈的理由，來支持你做這件事。我的理由包含紀實帶來的穿透力，還有相對於整體媒體環境大量喧鬧的巨量影片，我們可以採取更單純的執行方式，好讓這影片跳出來，好讓不如對手豐厚的媒體預算有更倍數的注意。

當然，一切歸根究柢，可以說是導演的直覺判斷。我認為這支片就是該以黑白來呈現，好讓不再黑白分明的政壇，重新思索是非。

有人說，顏色豐富才漂亮，我覺得，在這案子上，真心才漂亮。

同樣的思考，也發生在演員選角上面，和製片夥伴們討論，與其找看來過度美好不真實的模特兒，還不如找真實的素人。但是這麼短的時間要去哪裡找合適的素人呢？而且若是素人，就又牽扯到許多專業考量，深怕處理不當，反而造成困擾。

而且我的需求又更加特殊，想要有能夠代表新生命的孕婦，想要有小孩子，還要有年長的媽媽奶奶，這些也都不太會是模特兒經紀公司可以提供的。來回討論數次，我大膽提出建議，是不是可以請工作人員的家人來參與？

我的論述來自於，因為是家人，所以我們清楚他們的樣貌與可工作時間，在工作的安排協調上比較有彈性。同時，也較能在這麼短的時間裡培養出合作默契，因為拍攝必須不看鏡頭，若能快速的理解我們的工作屬性，相信一定有幫助。

因此我甚至內舉不避親，問了我正懷孕的妻子，問她願不願意幫我？還有我們家的狗，我們姊姊的小孩，甚至工作人員的兒子、工作人員的爸爸、阿嬤，尤其我當時還沒出生的孩子——盧願，也隔著肚皮，仔細地告訴她我的想法。

我最重要的論點來自於，我認為這是一個關於城市的歷史工作，這更是孩子們自己的未來，以後在這城市他們會生活得比我還久，他們當然現在就該參與，自己來改變自己的命運。

我們在做的是，一面鏡子

最重要的是，這不是一場表演，這是生活，我們要擷取他們生活的真實樣貌，像一面鏡子，讓人們看見後停下來，回頭看看自己忙碌的腳步是為誰而匆忙，是為誰忍耐痛苦著。

至於拍攝的方式，我們期待用更寫實的角度來執行，並希望盡量涵蓋到庶民生活的各種面貌。由於時間地點序列都很多，也因此需要更多的拍攝頻次，更多的攝影團隊。所以我鼓勵我們的製作團隊，兵分多路，抓到時間就去拍攝，舉凡吃早餐、搭公車、上學、工作、公園裡的遊憩，我們都盡力捕捉，以各種非常規的拍片方式，機動地找尋。那樣的工作量其實

> 真實能形成一面鏡子，讓人們自覺，
> 而那比巧語，來得精巧。

遠比一般廣告來得大許多，也更多不可控的因素，帶來待解決的難題也多上了許多。

我想每一位參與的成員，在這過程裡，除了感受到極大的壓力外，應該也有極大的榮譽感，否則無法克服執行上的高難度和肉體上的極度疲累。

其中有幾個我特別建議一定要捕捉到的場景，以影像來說，它就是個符號，不需要過度的渲染，點到為止，人們就能意會。比如帝寶，就是我開著車，請製片帶著攝影機，從車窗裡拍出去。沒想到，效果意外地好，因為多數人都跟我們一樣，只有機會從外面開車經過，那創造出來的視覺印象就十分強烈。

因為真實能形成一面鏡子，讓人們自覺，而那比巧語，來得精巧。

生命，本來就是一個祝福

拍攝過程中有個段落，我們要拍老阿嬤帶孫子上菜市場。一路上，車水馬龍，巷子裡的陽光灑下，劃過窄巷，穿過斜傾的屋簷。我抬頭望，看到那光打在公寓二樓的媽媽上。她辛勤地彎腰整理陽台的花草，水花灑下映射出彩虹，不知為何，我的眼眶就濕了，心裡覺得好美好感動，想著生活裡就充滿了一幅幅知足動人的「拾穗」畫作。那光線以專業術語來說，叫 God's Finger，可不是我們用人造光、燈具等能夠很容易營造出來的，要從剛好的角度、剛好的方向、甚至剛好的高度打下來，沒有出動大吊車是做不到的，但窄巷裡又怎麼可能開得進大吊車呢？

我想著，這當然是神給的禮物，轉身就要請攝影師拍下來。沒想到，獨具慧眼的攝影師從攝影機後給我一個大微笑說：「導演，我有拍，那是神給的。」

片中還有個主要的場景是在社子島完成的。在台北生活十幾年，我從來沒到過社子島，更不知道延平北路有到九段（據說，還是台灣分最多段的路）。穿過歷來人們忽視的社區，爬上堤防，衝向眼前的風景卻美的不得了。綿延的紅樹林，信步沉思的白鷺鷥，舒服的沙洲，夕陽公平且慷慨地灑在我們身上，把我們每個人都灑上一層金粉。河面上金光翻騰，彷彿以金子熔成的時間大河，輕盈且平靜地流動著，拍片的辛苦和生活的苦楚，好像都被那河水帶走了，沐浴在999純金色中，風帶起我們的頭髮，我們彷彿成了世上最富有的人。

我想著，自己平常到底在做什麼？為了忙亂的工作，錯過了那麼多美麗的事物，要不是因為這片子，我怎麼有機會看到那許多的美？人們努力用心地營造自己的生活，腳踏實地，不需要人脈權勢，只要認真生活，就能活出美好。

過度的完美，有時是虛偽的開始。

我想著，金錢遊戲的贏家們，如果不是靠作弊，是不是還能一帆風順，擁有凌駕我們數千倍的金錢？我們不知道，但是，我們知道，如果今天比賽的是快樂，我們這些認真生活的人可不一定會輸，因為我們有盼望，而盼望不需要錢。

更可能，因為我們的缺乏大筆金錢，而不致分心，可以更加專注地仰望，尋覓生活裡真正美好的事物。

這支片，想試著凝視，凝視我們生活的真實，而那該是美好的。因為我們值得美好，值得不是建築在虛假上的美好。

真實，實在不容易

以廣告操作的角度來說，我擁有最棒的團隊，一流的攝影師，一流的製片團隊，一流的後期團隊，但我一直很克制自己，提醒自己，擺脫傳統廣告習慣的各種效果，試著做一個更加誠懇真實的作品。

整支片子的靈魂，文字部分的聲音到底該找誰好呢？這位 announcer 也讓我傷透腦筋，當然，我很清楚不要是廣告慣用的播音員，但那到底該是怎樣的聲音？

中間也討論過吳念真導演。但我的判斷是，吳念真導演這樣一位我心目中追求、想成為的目標前輩，聲音實在有太高的辨識度，穿透力絕對足夠，因此也怕某些族群已有刻板印象，便會直覺的略過，不願意仔細聆聽。

我心裡一直惦著這件事，甚至直到開拍都還沒有明確的答案，我禱告求神幫助，因為我知道這聲音將決定，這片子是講到人的耳朵裡，還是心坎裡。

結果在拍攝的過程裡，意外遇到一位工作人員的父親，他的身分背景完全就是我設定的父母。有個還不錯的事業，但是不是能夠讓他的孩子有跟他一樣的人生際遇？他同樣感到疑惑。他的聲音真實誠懇，就像你平常遇見的，會去他家玩、關心同學的好爸爸，我覺得這真是神的禮物。在那當下，我就請託他，請他務必要幫我忙，來幫我念這篇文字，獻上他人生的「初音」。

後來，在錄音室裡，和錄音師溝通我想要的真實情感，他聽了也完全認同，甚至還建議我選擇其中有一句念得「卡卡的」錄音版本。錄音師說：「這就像我們的人生，卡卡的，才真實，才自然。」我一聽當下就挑定了，也就是各位現在聽到的版本。

黑白畫面，更能顯出紀實的氛圍。

在這片子上，我的學習是，過度的完美，有時是虛偽的開始。

辛苦，有時是順利的別名

剪接的時候，我花了半小時很仔細地跟剪接師分享我一路以來的心路歷程。除了影片結構以外，我也談到拍這支片，其實也是為了我的孩子，儘管她還沒出生。我想像著二十年後她要如何在這城市裡生存，因為我無法給她一份工作，甚至我可能也無法給她一棟台北市的房子，我只能試著做出一支片子，試著幫她改變未來的環境。我和孩子已是大學生的剪接師聊得眼淚快落下，不為了什麼，純粹為了那是我們的生命要面對的難題，而這一題，或許我們的孩子會比我們的更難解，只因為我們聽任、鄉愿。廣告片會結束，但生命仍舊要面對挑戰。

我告訴剪接師，我為我的女兒拍這支片，請你也為你的女兒剪這支片。

剪接師感同身受，剪出來的版本，我一看就感動了。整個結構我完全沒有太大的調整變動，頂多只是這邊多個幾格，好對上旁白文案。我沒有智慧給更好的意見，只能說謝謝，謝謝他，謝謝他的用心，謝謝他為孩子的用心。

片子辛苦但順利的完成後，帶到柯辦給林志玲看，他看完只微笑說「很好」，沒有任何修改意見。一旁辛勤工作的辦公室人員們，在位子上探頭看完後，竟全部起立鼓掌大聲叫好，然後繼續工作。對我來說，這就是最好的讚美了。

後來交給柯P，據說，他看完之後鼻頭酸，眼淚盈眶，除此之外，也沒有任何修改意見。我想，這算是我職業生涯裡順利交片的第一名。

沒想到，幾週後，片子放到柯P的FB上，三天就有一百多萬人觀看，可能也是我從業生涯以來見過最快速傳播的片子。之前捨不得夥伴們連續好幾天睡不到幾小時的辛苦，好像瞬間就被安慰了。

我想起一位傳道人說的，任何事都會順利的不順利完成。我想這句話隱藏在後面的是，你要用愛去做你相信的事，而那不管再累再苦，終究會是件好事。

禱告是我唯一能做的

可惜的是，當柯辦開記者會介紹這部片子的同時，我正在台南成大的病房裡。我媽媽前一天突然中風癱瘓，我和妻扛著癱軟的母親衝到急診室，昏迷指數只剩三．五，面對全身失能、失去意識的母親，著急且無能為力的我，只能拜託教會的朋友們禱告，求神幫助母親甦醒。於是遠在台北、屏東、美國、甚至芬蘭的教會小組朋友們就在不同的時區裡，同一個時間專注地為母親禱告。

奇妙的是，當醫生還在做各種檢查想搞清楚原因好給藥時，母親突然醒了，我還記得醫生走過來驚訝地說：「欸？怎麼醒了？你們做了什麼？」我回答：「禱告」，結果醫生聽了說：「好，很好，那你們繼續禱告，加油！」

於是，當各個媒體記者陸續打電話來要求訪問時，坐在母親病床旁的我，當下只能婉謝，直到有記者朋友關心我、問我在什麼地方時，我才據實以告。

沒想到，好心的記者除了問我需要什麼協助外，甚至提出願意南下到醫院來訪問，只要花我五分鐘。

我看著在病床上雖然恢復意識但沉睡休息的母親，心想，我的專業能力在這裡無用武之地，幫不了母親，除了禱告我什麼都幫不上忙，但我可以好好的把想法向大家說明，而那對於這整個世界來說，可能是較大的 benefit。

我彎下腰跟病床上的跟媽媽報告，熟睡的媽媽沒有回答，看著媽媽淡淡的笑容，我想她多少算是同意吧？於是我和懷著身孕的妻就在醫院旁的成大校園接受訪問，現在想起來，也是奇妙的安排。

我唯一做的是，我什麼都沒做

如同我和許多朋友提到的，我什麼都沒做。我只是把人們的心聲說出來，素材是現在正發生在這塊土地上的生活，而創意總監更是這塊土地上的人們，是他們創造出了這個作品，我頂多只是在玻璃上塗上水銀，好映射出人們真實面貌。人們看了這故事若有什麼感動，是因為他們就在這個故事裡，而這故事若會發酵，則是因為人們沉澱思考，因為人們的生活要繼續，他們要面對自己的故事。

我什麼都沒有做，我唯一做的是，盡可能地減少人工色素，不添加味精，讓生活的原滋原味被人們自己咀嚼感受。

我想，如果你有愛，你的作品一定會被愛的。

如果沒有，也一定不會是愛的錯。

而且，再怎麼樣，你就算沒有一個好作品，你還有愛。

就像我什麼都沒做，只有愛。

太陽依舊升起

因為「為孩子投票」在整個社會引起很大討論，許多人更加願意來面對這整個社會正在面對的挑戰，我心裡想著，那還可以帶給人們什麼呢？只是，隨著選戰的激烈，似乎有種過熱的現象，好像選舉日那天一過就會多可怕，彷彿世界末日就要來到。我坐在媽媽病床旁，望著靜養的她想着，人們這時需要的不是恐嚇，而是安慰。

媽媽的病房朝東，我望著成大醫院的窗外，雖然是冬季，但台南的太陽毫不吝嗇地照著。最奇妙的是，不管我前一晚陪伴到幾點，再累再煩，但當早上六點，鮮黃色的光線照進來時，我總覺得被撫慰。太陽好像在安慰我，「一切都會沒事的，你看你那麼擔心媽媽的病情，整個晚上睡不好，雖然黑夜看來更黑了，但我還不是按照時間來了，來陪伴你們，來給你們力量。」

我突然想起海明威的第一本長篇小說，《太陽依舊升起》，我想著，不管媽媽的病情或選舉結果怎樣，明天太陽依舊會升起，我們還是要繼續努力生活，繼續面對困難，當然也繼續帶着盼望。

其實，海明威的這書名，也來自另一本書的啟發，《聖經》在〈傳道書〉中明白地寫著，「我們常終生庸碌追逐看似精明其實無意義的事，而於這世界又有何益呢？太陽依舊升起哪。」什麼是無意義的事呢？我總在困惑着，但我想，安慰人心總該是件有意義的事吧。

於是，我和柯辦的夥伴聯絡，就在病房裡電話會議，告訴他們我的想法。他們一聽大為贊同，支持我們去完成，但我有時間嗎？媽媽怎麼辦？

那時在雪白的病房裡我寫下的文案，在電話裡，我一字一句的緩緩念著，然後在醫院兩棟大樓間連通的天橋上，為了找醫生討論媽媽病情，我走著。陽光透過玻璃灑在我身上，好像也在鼓勵我，聽到醫生說，媽媽病情穩定了，有機會出院，我放心許多，於是決定去拍。只是所有前期作業都透過網路、電話，我中間抽八小時到台北拍片，再回來陪媽媽。

我想的是，面對媽媽的病情，我幫不上忙，只有擔憂；但面對台灣的病情，也許我可以做點什麼，就人類的整體利益而言，我去拍這片，應該比較有利。

那時林志玲聽了我的說明，給了點建議，還用簡訊傳給我。後來我們一起寫出文案，可以和「短篇小說新人獎」首獎得主共同創作，也是我職業生涯裡的一件美事。

這篇「太陽依舊升起」的文案如下：

十一月三十日 星期天
可以稍微睡得晚一點
還是一樣要做菜
打掃晾衣服
一樣早上整理家裡
下午帶孩子出去走走

在一成不變中的小改變
我們開始期待
一個更好的台北

太陽底下沒有新鮮事，只有心鮮

拍片執行時，我們找了兩個家庭，其實，也都是工作人員的家人，連我自己的腳都在片中入鏡，陪著孩子踢足球。在大太陽底下，那些煩憂好像都被陽光給蒸發了，我想，這支片也跟太陽帶給我的安慰一樣，用愛安慰了許多人。把空氣中那種艱險苦惡毒素，一次消毒殺菌了一番。

在剪接時，我拜託剪接師挑選那種最平凡的鏡頭，最好平凡到你家正在發生，比方說媽媽拖地爸爸看報。如果是廣告就只是到這樣而已，可是，我要的不只這樣。我記得以前在我家要是這樣，我媽一定會念個幾句，嘮叨叫爸爸把腳抬起，爸爸一定不甘示弱回個一句，馬上又被媽媽頂回來，甚至順手打一下爸爸。像這樣的鏡頭，才是人生，才有力道。

當你仔細用新鮮的心觀看，就會發現四周隨處都有新鮮的事物，你不必靠人工甘味香料來刺激，馨香就跟情感一樣濃。

每次創作我總會懷疑自己，懷疑這樣的判斷到底對不對，而常常就會出現意想不到，不是原本設定的答案。這次也是，我問自己，是不是真的有安慰到人？我想著媽媽在病床上的身影，儘管我身在台北的錄音室，我想起媽媽說，人會低頭謙卑，一定是背上責任很重。我問自己，我們夠謙卑嗎？我們確定我們帶給歷史好的影響嗎？我想沒有人可以回答這問題。

我閉上眼，旁人一定以為我想仔細聆聽音質，或者太累在閉目養神。其實都不是，我在禱告，我突然意識到，如果我們不是神，我們憑什麼那樣大聲的承諾，一如過往的政治人物？

我們唯一能確定的是盼望，堅定的盼望。

於是我請錄音師幫我把最後一句「一個更好的台北」聲音拿掉，試看看。奇妙的事發生了，原文是「我們開始期待，一個更好的台北」，但當最後一句拿掉，聲部就不再那麼擁擠，有了想像的空間，而且期待就真的期待了，有一股現在進行式的前進感，搭配孩子騎著腳踏車超越母親前行。

意象上彷彿我們都成了那孩子，帶著笑容，揮別過去，雖然不確定但堅定地往前而去。當字幕「一個更好的台北」出現時，它就變成我們心裡的願望，雖然沒有大聲說出來，但我們的盼望是確切的，而那種言過其實、志得意滿，以及我一直想避免的高傲姿態也就消逝了。我們都是孩子，都有盼望，都迎著光，而這不必多說，只要去做，繼續前進。

影片又再度被大量的分享。湊巧在上線的前一天，競爭品牌有另一支片，採取不同的訴求方式，反而有了極為鮮明的對比，雖然完全不是原先預設的狀況，但這其實跟一般的品牌操作沒兩樣。你品牌想傳遞的核心價值就是會反映到作品上，而人心是遠比任何算計來得敏銳許多的。當你很聰明地想操弄火時，就得小心別被火燙傷，尤其在人們已夠脆弱的時候。

我感謝神救了我的母親，更感謝神在整個危難過程，給了我平安，我想，比起肉體的平安，精神上的平安更加重要與難得，而這或許也是我們在這亂世裡，應該珍惜，並且彼此鼓勵的。

平安，跟陽光一樣，免費，甚至有人以為不值錢，但你不能沒有。

「這一票，你聽孩子的」

五

發生在我身上的故事

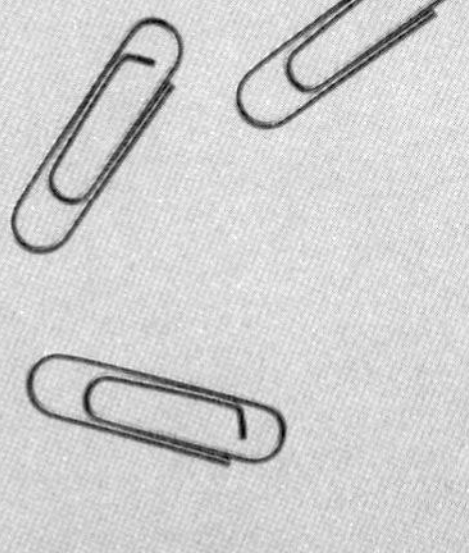

1

監獄裡也有藍天，別做自己的囚犯

想了許久，我終於意識到，那是囚徒的臉啊。

他們被自己或者自己的老闆給扣押，

在一個看不見的監獄裡，

雖然看起來是自由的，

其實，一舉一動，都被控制住了。

我有一個特別的機會，是到監獄演講，對象則是來自全國各大監獄與收容所的教誨師。有的遠自綠島台東花蓮，有的來自我的家鄉台南，無論如何，都花費了時間金錢，在台北監獄齊聚一堂，不過，我想我自己受到的衝擊大概更大。

當兵時，因緣聚會，在服役的後段我在禁閉室執勤，我的勤務就是戒護士，每天隔著鐵欄杆，看著禁閉室裡禁閉生的操課。比起洪仲丘案來說，我們的操課，算是相對有人性許多（但你也因此可以知道，禁閉室的規範其實並不嚴謹，否則怎會全國都不一樣？）。每天的課表，就是立正稍息，做體能，讀書，寫毛筆，寫日記。

不過，雖然說比較人性一點，但我自己在裡頭再怎樣可是待不住的。因為你的一切都被限制住了。所謂的限制，不只是行動，也包含時間，甚至是個人的存在。

禁閉的日子

你知道，禁閉室裡的安全檢查是非常嚴格的。一進來，就得剃成大光頭。也許有人說那算什麼，當兵不就是要理頭髮，是沒錯，但理頭髮和大光頭還是有個三公分的距離，而挪去那三公分，某種程度就是為了挪去你對自我外表的掌握。接著，要拿走手錶，挪去你對時間的觀念，你的時間，不再是你的。你又會說，拜託，當兵就沒有自己的時間了，又不能想看電視就看電視，那你就錯了。

沒有自己的時間，和不知道時間，是不一樣的。

就算沒有自己的時間，你知道自己待會兒要去擦槍、要去跑步、要去洗餐盤、要去站哨，但不知道時間，表示什麼？你不知道眼前這個狀態要持續多久，禁閉室裡沒有鐘，至少，不會讓禁閉生看見。所以當你在立正時，你不知道自己還要站多久，立正也許有點辛苦，但更辛苦的是你不知道還要站多久，站完之後要做什麼？同樣的，如果你正在做體能，汗流浹背的同時，你不知道何時會結束，人的心理常因為看得到終點而感到救贖。有跑過長跑的人都知道，沒有終點，就很難繼續，再辛苦，你看看手錶，看看里程數，你都可以回答自己的大腦，「再撐一下，再七公里！」可是，沒有個結束，就是個沒完沒了。一如希臘神話裡的西西弗斯，不斷地把大石頭推上山坡，但大石頭又會再滾下來。不能掌控自己的時間，或者該說，不能預期自己的下一段時間，是很難受的。

有人說，那看太陽囉，很抱歉，禁閉室裡只有透氣的窗，你看不到太陽，你看不到日出日落。而且因為安全理由，所以二十四小時燈都亮著，你不會有白天黑夜的清楚生理感受，一直到班長告訴你說，「好，現在睡覺」你才能睡覺。好不容易在大亮的日光燈中快要睡著，又被一聲「禁閉生起床」給嚇醒，開始一天的操課。我就看過一位禁閉生，被那巨聲大吼嚇到，整個從木板床上彈起，頭差點撞到上鋪的木板。

這種封閉且失去日夜的狀態，也會讓人的生理狀態有點錯亂。較嚴重的，比方說在加護病房中待太久，因為始終明亮的燈光和二十四小時不斷作響的生命監控與維生機器，都會讓病人產生幻覺，學理上稱作「ＩＣＵ症候群」，也就是「加護病房症候群」。嚴重時會讓人產生精神官能症，這點倒是直到後來我父親住院有類似狀態，我才了解為什麼有些禁閉生會特別的煩躁。所以你可以知道，時間無法被自己掌控真的很可怕。

你看到這，一定開始有點不耐，你本來想知道講故事的方法，怎麼變成禁閉室內幕大揭密。想知道這些，還不如看電視節目。不好意思，是我不好，不該鋪這麼長的梗，但這真的有意義。

關起來的故事開放空間

我在禁閉室的時間雖然不長，但也達役期的一半，將近一年的時間，該說我在這其中也被許多奇妙事物衝擊了一年。

你知道，會來到禁閉室的，多數是因為犯錯。不過錯有各式各樣，我常在夜闌人靜時仔細研讀他們的過失紀錄。有冬天半夜執勤時，太冷躲到漁船上打電動，沒想到，指揮官竟然趴到地上匍匐前進過去摸哨，一身爛泥巴的從船尾現身，被抓到的士兵還以為看到鬼。也有因為狗死掉就被抓來關的，是的，狗死掉，在海巡署這種特別的部隊裡有狗負責巡邏海岸線，而且還好些狗是有官階的，如果沒有被細心照顧而死亡，當然就有人要被懲罰。只是有時候，很難判斷，到底是為了什麼原因而死，但發現獸醫在報告上寫著「精盡而亡」，難免，讓人不想往下深究。

比較奇怪的還有半夜巡邏，為了去KTV唱歌所以把槍埋在沙灘裡，等到要回營區時，卻找不到槍。最後發動全營的官兵，在遊客人來人往的沙灘上到處挖，想像墾丁南灣，美麗的沙灘，比基尼美女躺在舒服的大洋傘下，底下卻可能有一把長達一公尺的六五式步槍，總讓人不覺莞爾。

在禁閉室裡，必須要讀書，但讀的書當然是經過精挑細選，具有轉變心念、潛移默化效果的。每次禁閉生大喊「報告班長，請示讀書」，我回答「好」的同時，心裡都會想，這真是有點諷刺的氣氛，要是苦口婆心的老師或者媽媽看到，應該會感觸良多，到底誰會大聲嚷嚷說我要讀書的，但這就發生在我眼前。而且，還要大家猜看看，他們讀的書是什麼？

有人猜《聖經》，不對；有人猜佛經，不對；也有人猜《三民主義》，喔，也不對。

真正的答案是，薄薄的一小本，米黃色封面都已經被前後代的禁閉生翻爛了，頁尾也捲了起來，上面用標楷體寫著「先總統蔣公嘉言錄」，帶一點時代懷舊的氣息。你問我裡面寫什麼，我還真不知道，實在是不想知道。

對我來說，那是被禁閉的人讀的書。

文化衝擊

禁閉室，曾經給我這脆弱的心靈一個很大的衝擊。

我遇到一位禁閉生，進來沒多久，突然大聲報告，「報告班長，請示請示。」「請示請示？」什麼意思？當下，我有點傻眼，不過，我猜，大概是想問問題，所以問說可不可以問問題？

「說。」我鎮定地請他回答。

「報告班長，你可以幫我寫嗎？」他怯生生的回答。

我又再次搞不懂了，原來他正在填些基本資料，可是我再怎樣看起來人很好，總不會叫我幫他寫吧？「什麼意思？」

「報告班長，我不識字。」

這下，我就呆掉了。後來我才知道，他只會寫自己的名字，可是我們不是都有受國民教育嗎？怎麼會這樣？

但是，就是這樣。這和我一路長大遇見的人都太不同了。

後來，當他晚上睡覺的時候，我凝視著他因為睡去而顯得安穩的臉，突然想到，如果他不識字，那當初移送他進來、需要他看過、簽名的自白書，他又怎麼看得懂？他真的犯了錯嗎？還是被欺負？

我沒有答案，因為當我看到會客日他老婆帶著兩個小孩來看他，心裡感慨很多。他才十九歲，不識字，卻有兩個孩子要養。未來的路，總覺得不太容易，再想想他的孩子，是不是也會因此較多的挑戰呢？

你不要覺得這很久遠，我沒那麼老。這發生在二〇〇〇年，而且最嚇人的是，不只有他一位，在我服役的時間，我就遇上六、七位。在號稱九年國教已經施行幾十年，邁入已開發國家的台灣，有這樣的情況，其實是讓人擔心的。

你不要覺得，這只是小個案，與你無關，問題大得很。從統計學的角度，如果我遇得上不識字的七位，那表示這比例不低，然後也意味勉強識字但教育程度不高的，比例又會高出許多。

它背後代表的是社經地位的不平等。不識字可能直接指向經濟競爭的相對弱勢，在連大學生都找不到工作的時代，這樣的生存條件，通常也會導致人們的選擇條件有限。也就是說，他們為了生存，可能被迫得考慮從事偷拐搶騙的行當，那你能保證你和你的家人不會是這文盲現象的受害者嗎？

當有人在豪宅裡，動動手指，就能賺到多達一個縣市的預算，而你意識到這輩子加上兒子的下輩子，多麼努力都無法有對方的一日所得，或者更開玩笑的說，這輩子能欠的錢都比不上人家賺一天的多，再高的道德觀都很可能瞬間瓦解。

貧富差距過大，不是個名詞，它是個可能瓦解我們社會的動詞。

監獄裡的藍天

隔了十多年，我受邀到台北監獄演講，本來工作很多，有點排不出時間的我，硬是挪出來。因為演講的對象是教誨師，某種程度，就是當年我戒護士的角色，只是他們更加辛苦，對我們社會更加重要。受刑人總有一天要回到社會來，你對他們好一點，讓他們再好一點，

監獄裡也有藍天，
沒有人真的關得住你。

我們的社會就會好一點。

演講的過程，互動很棒，他們與我分享了許多創意的問題和想法，讓我覺得開大老遠的車去是很值得的。儘管還要再趕去開下一個會，但心裡很開心，一點也不累。

但當我在下一個企業開廣告會議的時候，發現每個問題都很保守，而且保守的方向不是來自策略方向上的思考，而是這樣做，跟去年的不一樣，會不會被更高一層的主管罵？對方會說什麼？與會的專業經理人，思考的都不是傳播的可能性，或者消費者的心理反應，而單單只是辦公室裡微妙的政治邏輯。

安靜地看著會議桌對面的臉龐，我怎麼覺得，那一張張臉似曾相識？

想了許久，我終於意識到，那是囚徒的臉啊。

動物在被關、被限制自由後，會有的苦惱的臉。

他們被自己或者自己的老闆給扣押，在一個看不見的監獄裡，看起來是自由的，其實，一舉一動，都被控制住了。

可是，就算是監獄裡也有藍天的呀。

如果你像我一樣，曾經透過鐵欄杆，看到有人讀著《先總統蔣公嘉言錄》，嘴角竟會露出小笑容，就會懂我的意思。

不過，當我想完監獄裡也有藍天後，任何書都有它值得玩味之處後，不免還是有點納悶。尤其在我意識到，那不就是我剛提到大字不識幾個的仁兄嗎？看不懂字的，他怎麼會笑？

我也不動聲色，畢竟看書微笑，也不是什麼大錯，等到他們下課，把書收出來。仔細翻一翻，我也跟著笑了。哇賽！《先總統蔣公嘉言錄》裡，被畫滿了漫畫，好幾頁都是蜂腰美臀的美女，清淡的藍色原子筆，一筆一劃細膩地畫出千萬風情，雖然不知道是哪一代的禁閉生，但我覺得藝術程度是很高的，尤其畫在總統蔣公的名言旁，更是充滿了獨特的諷刺意味呀。

上了這一課後，才知道，沒有人真的關得住你。

2

不必上課搞不好是最好的課

「我一堂課只教三題，

超過，我心臟會受不了，

但是這三題你要是會了，你這堂課就沒白上。

每堂課你都會三題，你就可以考上大學。

而且是好的大學。」

跟我同世代的南一中同學，都知道讀南一中不必上課，學校校風開放，大概是全台灣很早就停止每天升旗唱國歌的學校。先不論意識型態，但當官的敢衝撞體制，我覺得就挺特別的。

說到不必上課，其實，是很有意思的。

有位數學老師，第一天上課就說：「我一堂課只教三題，超過，我心臟會受不了，但是這三題你要是會了，你這堂課就沒白上。每堂課你都會三題，你就可以考上大學。而且是好的大學。」

現在聽這番話覺得很有道理，雖然當時不覺得。

台南一中，毋負鄭成功

基本功的獨立思考能力要是具備了，確實不必害怕各種題型變化。有時想想，不也跟人生一樣，基本的進退應對有了，你怕哪種風吹雨打？

接著他講的，就讓我畢生難忘，甚至某種程度影響了我工作上的價值觀。

「啊那個已經會了的，或不想學的，想幹嘛就幹嘛，但是不要吵到別人。想看漫畫的，就看是派誰去買，但不要吵到別人。想睡覺的，最好，因為你不會打擾到想學的。啊想打籃球的，我不會說你可以去，但是，你如果自己跑去我也沒辦法。」

老師講完後扶了扶寬大腰圍上閃亮的皮帶環，拿起桌上從他進教室我就緊盯的陶製茶壺，茶壺口對著嘴，自顧自地就喝了起來。一手輕扶講桌，悠哉自在，彷彿終南山上雲霧繚繞間的仙人，自外於我們這些青春期的凡夫俗子，真是，帥噢！

你猜，班上後來狀況如何？

當然是自動自發，各行其事。

每個星期三的漫畫 *TOP*、每個星期五的《少年快報》，我們班一期都沒漏。

他的自由主義，某種程度也收服了當時全校最多問題學生的我們班。

不過當時問題最多的我們班，現在看，似乎也都在解決社會問題。有四個檢察官，好幾位博士，一個外交官，一個導演。最妙的是，還有一位，帶點寓言意味的，成了教育部的科長。

我很害怕被假的框框束縛，我覺得世界上最痛苦的事，就是上課打瞌睡。讓人想睡卻不能睡，基本上就是拷打刑求的技巧之一呀（詳情請見各反恐影集），我們何苦讓自己陷在酷刑中呢？

我都會很真心的邀請上我課的同學，請自在點，如果想睡就起來走動，甚至走出去，買咖啡或者回家睡覺都可以，想幹嘛都行，只要別讓自己處在那麼悲慘的處境。因為我覺得打瞌睡既悲慘又不環保，浪費資源（我是指那位同學的時間，他可以好好睡的）。當然，還有個重要原因，我無法直視痛苦，更不想成為那個造成他人痛苦的人。

奇怪的是，真要大家自由，大家反而會有點不知所措。

簡直就像，辦公室裡老闆突然說今天放假，大家卻不知道要幹嘛好。

以前的家庭狀況調查，每個人都會有個狀態，假如是學生，就會寫「在學中」。但我常常覺得這字眼很有意思，我們通常只是「在學校」，其實不一定真的「在學中」，身體的狀態是在學校裡，但精神上並不是真的在學習。

要讓自己保持快樂有幾個祕訣，
第一個是運動，第二個是學習。

長大些，我發現，要讓自己保持快樂有幾個祕訣，第一個是運動，第二個是學習。當你的身體一直在鍛鍊更新，你的腦子也應該與時俱進，否則很容易死掉，因為我們不是常常說「無聊死了」？

無聊是真的會殺人，而且殺人無數，簡直算是混世大魔王。

我很謝謝南一中的老師，提早讓我們知道人生是要靠自己進步的，還有，人生本來就是無聊的，沒有人需要取悅你，你得自己找到樂趣，自己找到人生的意義。然後，你才有人生，你才有故事。

如果人生是一個學校，那你有沒有在學呢？

3

電影痴爸爸

原本愛用你的消費者一定會長大、變老、變資深，

而你的品牌就有可能因此而被認為是資深的消費者愛用品牌。

你也知道每個世代的年輕人都不同，

但若硬要說他們的共通點，

就是都不想用老人用的東西。

在台南那樣的地方，爸爸幾乎每部院線片都會趕著去看，對一位六十幾歲且不是從事電影相關行業的人來說，他多少算是個影痴。而且有時候，整個電影院都是他的，只有他一個人，當他進去看時，放映師才放，當他覺得沒什麼意思，不想看而提前離場時，放映師也會跟著中止電影的放映，這樣的觀影經驗很特別吧，大概沒幾個人有過。

據他說，他看電影也好幾十年了，高中畢業考大學沒考好，奶奶要他隻身來台北南陽街補習準備重考。他就早上去補習班上課，過了中午到西門町看電影，每天如此，自然最後也沒考好。但從此，看電影對他而言，就和別人不太一樣，不單只是娛樂，更是種習慣。

電影不只是電影

我也很喜歡看電影，我對於電影院這樣的場域，常有很奇妙的感受。你想想看，一群人被放在一個黑暗的空間裡，限制行動，花兩小時盯著一個銀幕，感受奇怪的、超乎真實的、有時甚至是恐怖的影像，其實是很奇特的。這樣說好了，如果你觀察到一群貓從四面八方來，排列整齊，緊緊盯著一塊布，且長達兩小時，有的貓會哭，有的貓會笑，有的貓害怕得把眼睛遮住偷偷看，你不覺得是一件很奇妙的生物行為嗎？

當然，你可以反駁我說，任何人做的事，要是交給其他動物做，看起來其實都會很奇特。沒錯，你講的很有道理。但我還是得說，人們到電影院，是特別的。

電影院，是個特別的社交場合，你可以跟最心愛的人一起去，也可以跟初次見面的網友相約，你可能在裡面釋放最真摯的情感，但當燈打開，馬上一擦眼淚，說：「那我們去吃米粉湯吧。」回到冷靜現實中。

去看電影的時候，你是個和平常不太一樣的人，你放鬆，但又不是放鬆到在家中看電視，單單一條內褲，腿抬得比頭高。你多少會重視一下穿著打扮，因為看電影是有點時尚的娛樂。

你去看電影，帶著期待感，你志願被限制行動兩個小時，你付錢比其他娛樂活動來的大方一點點，你覺得你去看電影的時候，你比平常的自己特別一些。

你可能比平常的自己年輕，比平常的自己大膽，比平常的自己有趣，比平常的自己易感，比平常的自己更像你所希望成為的那個人。

看電影有點夢幻，有點不真實，有點美好，無論如何，看電影，似乎在光譜裡屬於稍稍美麗的那一邊。

人們會叫你不要看太多電視，不要沉迷網路，不要酗酒，不要抽菸，但似乎沒有人叫你不要看電影。

當然你大可再次反駁我，這完全是你對電影的個人偏執，且偏頗得厲害，那我承認。沒有幾個人在工作十年後還會去讀電影研究所，所以我當然是對電影有獨特的偏愛，但也因為這樣的我，我做出了以下要分享的作品。

我想一個人可以平凡地過日子，但是最好有自己的偏好，那不但可以帶給你快樂，也會帶給你對世界不同的觀點。

品牌老化，有時是因為老花

我曾負責一個手機品牌，那時他們面對的行銷課題不是品牌知名度，而是品牌好感度。很多年輕人都知道這品牌，但漸漸地不想用，因為這品牌市占率高的同時，也存在已久，感覺上是自己的哥哥姊姊那輩才會使用的。你說他的品質不好嗎？其實大量製造的個人用品，大概都差不多，效果也很接近，甚至連功能也沒什麼太大差異。除非突然有個巨大的變革，當然就這市場而言，就是有顆水果的誕生。當時，人們厭倦這品牌的原因，並不在於功能的不足，反而來自於剛提到的人生經驗，他們覺得這牌子太老，老到用了有點覺得自己老了，有點那麼不夠酷。

世界上許多暢銷的商品，也會面對相同問題，而且通常會面對這問題的，大概商品本身也沒什麼大錯，甚至，還算是賣得好的。過往的銷售支持了這個商品存在，只是未來的銷售停滯不前，唯一需要且可能較適合的改變，大概不會是更改商品配方，而是溝通方式。

我相信，客戶和我們一樣都意識到相同的問題（請不要詆毀你的客戶，他們大多數比做廣告的你聰明，只是他們得穿西裝套裝而已），只是一時之間還沒有相對應的策略，我想，也許我們大家一起面對到的是品牌老化後產生的老花現象。

老花會讓你對近的東西看不太清楚，其中甚至包含自己的手指，你說真的假的？真的啦，我媽媽就不好穿線。品牌久了也有這挑戰，眼前的反而看不清，別人也焦點模糊，看不清楚你的模樣，這就是我開玩笑說的老花。

品牌能夠在市場上長青，一定有他獨特的生意立基點，只是，隨著時間過去，那立基點也有可能消逝，因為歲月不饒人。最直接的狀態就是，原本愛用你的消費者一定會長大、變老、變資深，而你的品牌就有可能因此被認為是資深的消費者愛用品牌。你也知道每個世代的年輕人都不同，但若硬要說他們的共通點，就是都不想用老人用的東西。

當然，萬事都有例外，假設你的價值非常高，高到年輕人因為買不起而羨慕，那就還稱得上用「經典」這樣的概念來行銷。比方說，古堡、經典款的汽車、紅酒、名牌包。如果是一般低單價的消費性商品，就不容易了，比方說衛生紙、飲料、洗髮精。除非，你能與時俱進，才能避免老化，並焦點模糊成，老花。

給人新消息

老花得戴老花眼鏡，品牌老化得換造型。還好，手機雖然去過往十年都只在電話溝通的範疇裡打轉，但與時俱進的同時，這手機品牌開發了一個較整個市場創新的功能，就是可以在手機上看電影。

這在此刻當然是如同遠古的神話一般，但在彼時，只有這支手機先想到，就算是該品牌也只有該款手機有，當然是可以大張旗鼓，好好來行銷。

只是，全球化品牌的共同問題就是，沒有足夠的創意空間給本地的創意人員。電視廣告沿用美國市場的，為了解決品牌老化問題，跟最夯的「蝙蝠俠」電影合作，以剪接加旁白的

從小喜歡跟老師唱反調的好處，
就是你也可能因此跟習慣唱反調。

方式，講出手機可以看電影，雖然聲光效果熱鬧，但我們可以給的有限。

習慣跟習慣唱反調

不過從小喜歡跟老師唱反調的好處，就是你也可能因此跟習慣唱反調。

有個業界的祕密，應該說先天的限制，廣播廣告很難做，也很容易做得不好。因為媒體成本相對低，所以客戶多會購買，好補足媒體普及率。但廣播因為是最早的媒體，感覺上有點過時，又沒有刺激的影像，大家雖然努力想創意，但是效果有限。久而久之，習慣廣播很無趣，連廣告獎裡的廣播項目，也變得不太精采。

那時這支手機的上市媒體裡頭，也包含廣播稿。一般來說，大家就是行禮如儀，盡量把產品特點說清楚便大功告成，客戶也不會以太嚴苛標準檢視，因為是廣播嘛。

最重要的是，這裡有一個顯而易見的矛盾，不知道各位看到沒？這是一個想講手機可以看電影的廣播廣告，啊？你說矛盾在哪？很清楚呀，電影不就是靠鮮明精采的影像來吸引人，我們要講這手機可以有厲害的影像效果，卻選擇一個看不到影像的媒體，這不是有點瞎嗎？

我雖然嘴巴碎碎念，說這根本是資源浪費，但心裡卻跟面對其他工作一樣，總想要想出個好東西來。公司隔壁就是信義威秀影城，我趴在陽台上看著，光鮮亮麗的男女穿梭著，想著這廣播可以怎麼做。

有時缺陷，就是美處

有時你難免會面對一個工作，自己不太認同又非得完成，做的時候嘀咕一堆，做完也不痛快，我建議你可以試著健康的思考，如果你可以讓鈍的刀殺人，說不定你才是大俠，不是說善書者不擇筆嗎？儘管我心裡卡著的仍是沒影像的廣告，怎麼讓人感受到影像的魅力？

我想到的是，或許不要單純的只想告知訊息，也許讓人聽到一個情境，一個故事，讓人進到一個故事裡，然後想像。因為你看不到，所以我怎麼講都行，然後我就想到了。

電話鈴響

女聲：喂？

男聲：喂，我在看電影（氣音，小小聲）。

電話鈴響
女聲：喂？
男聲：喂，我在看電影（氣音，小小聲）。

電話鈴響
女聲：喂？
男聲：喂，我在看電影（氣音，小小聲）。
女聲：怎麼每次打你都在看電影（氣急敗壞）！
男聲：因為我用 xxx 手機看電影呀，你不要再打。
我看完電影打給你，掰掰。

給自己禮物

哈哈，這其實是每個人都遇過的經驗，看電影時總有人電話響，也總有人接起來，用每個人都聽得很清楚的小小聲氣音講話，多數時候總是惱人，但用在廣告上，就可能是個吸引人的故事。

永遠好奇，不輕易習慣世界的模樣，
更別讓自己習慣視而不見。

後來，我自己錄這篇廣播稿，因為覺得不需要專業播音員，素人的感覺比較好，客戶聽了也很喜歡。上了媒體後，也引起很多人討論，因為多數的廣播廣告都不是太好，所以你只要好一點點，就很好了。這作品拿到當年的廣告獎「廣播項銀獎」，金獎從缺，也是這個手機品牌多年來少數得到的廣告大獎。

當別人都不要的工作你好好做，有時就是給自己禮物。

我自己發現，雖然我們從小被教育要追求第一，但其實只要比原來的自己更好就很棒了，就應該快樂，然後，不知不覺，你可能在這世上就有點用處。面對一個沒什麼人在意的工作，只要你比別人在意一點點，搞不好，就會有機會得意一點點。

說起來，這也是我父親給的禮物，讓我從小在電影院裡長大，可以看到人們的習慣。一個說故事的人，應該要隨時觀察人們的習慣，永遠好奇，不輕易習慣世界的模樣，更別讓自己習慣視而不見。

還有，還有，講話不一定要很大聲，有時候（氣音），小小聲的，別人更想聽。

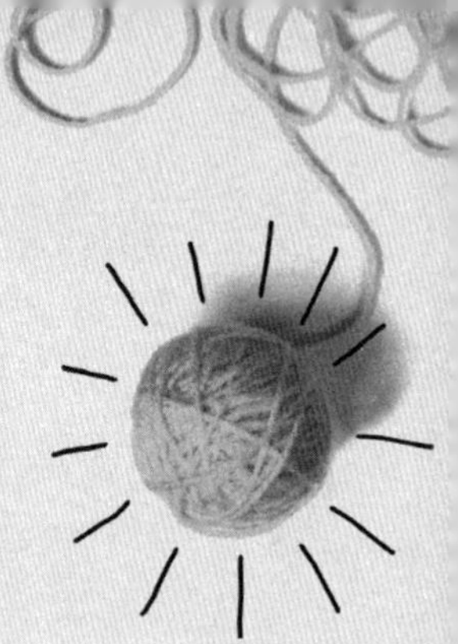

六

我偷聽到的故事

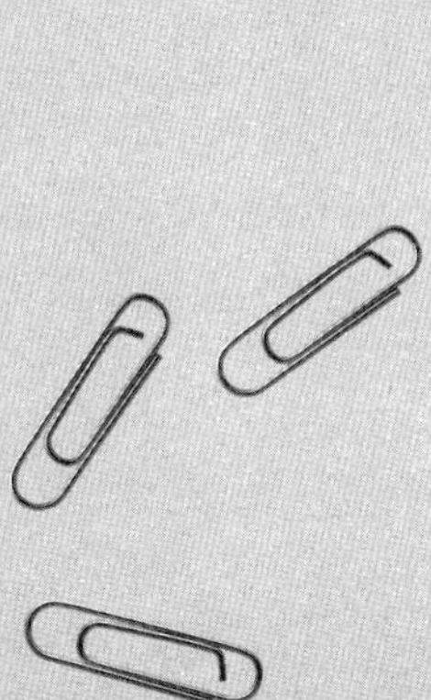

1

和最愛，最遙遠的距離

每個人身上披著不同球隊不同顏色的圍巾，

身上穿著各自的球衣，帶著啤酒，

和同隊的球迷一起大聲加油，一起嘲笑對手，

一起為球隊進球大聲慶祝，

一起用各種下流且愚蠢的方式同樂，

怎麼可能容得下一個敵隊球迷？

我有個好兄弟叫作 Kit，是英超利物浦隊（英國足球聯賽）的死忠球迷。早在十年前，我和他在奧美廣告當趴呢時，我就被他影響，一起踢球，一起唱著利物浦的隊歌 *You'll never walk alone*。還組了個奧美足球聯盟，每個星期號召大家到河濱球場，在泥漿中踢球。極盛時期，所有男女成員加起來高達五十位，那名單到現在還在我手上，等十年後我要再找大家一起出來踢。

利物浦的隊歌 *You'll never walk alone*，你單看歌名，會以為只是首談球隊團結的歌而已。事實上，他背後也有個故事，這首歌原本是某個音樂劇中的小插曲。六〇年代時，利物浦當地樂團有個叫 Jerry 的傢伙，在聽過貓王翻唱的版本後，覺得很被歌詞打動，於是重新編曲，加入強烈的節奏，在每次球隊進場時於場中播放。幾年後，變成一個傳統，每次都會全場球迷一起揮動旗子，一起放開喉嚨，大聲唱，這首歌也從此在世上很有名氣。

只是，這首歌後來被賦予了另一個意義。

運動迷的故事，更動人

一九八五年比利時的海賽爾球場，歐洲聯賽冠軍盃決賽由義大利的尤文圖斯對上利物浦隊，兩隊共有約六萬個球迷從自己的國家湧入球場，參與這個當年全世界足球界最大的盛事。

比賽前，雙方球迷都非常激動，為自己的球隊進入決賽而興奮著，比利時主辦當局為此還特地劃出一個區域好隔開雙方。但過度興奮的利物浦球迷，在看台上揮動旗幟大聲唱歌，甚至失控縱火，鎮暴警察於是上前制止。沒想到，利物浦球迷在逃避圍捕時，爬上圍牆，造成看台倒塌，混亂中壓死了三十八位尤文圖斯球迷。

對所有熱愛運動的人們來說，這從來就不是樂意見到的，所有人都感到十分遺憾，沒有人想要讓對手喪失分數以外的東西，何況是生命。

從此每個爸爸在帶孩子去球場看球時，除了分享球員的個人球技外，都會講到這段歷史。每次利物浦球隊主場在播放這首 *You'll never walk alone*，不但在為球隊的球員激勵，也在緬懷當年不幸罹難的他隊球迷，告訴他們，You'll never walk alone，運動的世界沒有誰是孤獨的。

這個久遠的故事，是 Kit 跟我說的，我也因此深深著迷，在競爭激烈的運動世界中，除了運動員本身的故事迷人外，運動迷的故事，有時更是動人。

Kit老婆都不一定知道的事（Carol對不起，但Kit沒對不起你）

接著要講的，是利物浦死忠球迷Kit的故事。

這段故事，是他在二〇一三年深秋，帶點涼意的上海街頭告訴我的。夜裡，我們走出後期製作公司，剛完成一支影片的剪接，帶著一身的疲憊。但他和我分享的熱力，幾乎讓夜晚地上我們踩過的落葉，燃燒。

他說：「你知道我有去利物浦主場看過球嗎？」

我說：「真的？我不知道。」

「很慘，應該算我這輩子最不堪的經驗。」

「啊？」

Kit說，那時候去英國倫敦開一個global的會，很累，被關在房間三天，一直拚命想東西，但因為真的很想看球，所以出發前就在網路上找票。

可是，因為是利物浦對上卻爾西隊，算是傳統豪門勁旅的對抗，所以幾乎找不到票。後來終於找到一個人說他有票，Kit就跟他訂了。

中間都是 email 往來，直到 Kit 到倫敦了，那個人卻忽然消失，不再回信。

隨著時間愈來愈近，Kit 好焦慮，但是網路上又實在找不到其他票，太熱門了。

球賽兩天前時，那個人突然又出現了，給了 Kit 一個天價。正確價錢我忘了，總之就是個許多英磅，多到你會有點「啊！真的假的啊那麼多？」的那種，但 Kit 還是刷卡買了。

能怎麼辦呢，Kit 很想看，而且繞著地球飛了幾千公里，離利物浦球場就只剩一、兩百公里了。

直到比賽當天，那個人突然又跟 Kit 聯絡，說要退他五英鎊，問為什麼？對方說，因為比賽太熱門，所以只有客隊的票，「不好意思啦，退你五英鎊。」

Kit 聽了，抱頭大叫，什麼？？？！！！

你知道，足球迷是壁壘分明的，尤其在英國，每個人身上披著不同球隊不同顏色的圍巾，身上穿著各自的球衣，帶著啤酒，和同隊的球迷一起大聲加油，一起嘲笑對手，一起為球隊進球大聲慶祝，一起用各種下流且愚蠢的方式同樂，怎麼可能容得下一個敵隊球迷？

但時間迫在眉睫，不要就沒得看了，所以 Kit 只能接受。

Kit 一早開完三個小時的會後，馬上跳上計程車，衝去火車站，足足坐了六個小時才到利物浦。下了火車，還要再搭兩個小時的巴士，才到得了球場。

那球場一百多年了，大門都鏽蝕斑斑，充滿歷史痕跡，想到平常電視上看到的巨大球場真的出現在眼前，心裡好激動。

到了現場，Kit 還是不死心，試著想要找人換票，但那可是狂熱的利物浦啊！怎麼會有球迷想換客隊的座位呀？Kit 在球場外，到處問人，根本沒人理他。

後來，他跟門口驗票的人說明，他是利物浦球迷，但是買到卻爾西的票，想問問看有沒有什麼辦法？

那個人把票拿過去，仔細看了好久，說：「不好意思，你這是假票，請跟我來。」

馬上有兩個警察過來，一邊一個夾著他，把他帶走，一旁人群圍觀著。

他被帶到一間辦公室中，幾個人過來訊問，跟誰買的，買多少錢，他們懷疑這跟一個龐大的黃牛集團有關。

眼看著時間一分一秒過去，他們幾個圍著Kit和他的票，不斷端詳，不斷討論，似乎毫不在意比賽的即將開始。

Kit急得快發瘋，但又不敢跟警察發脾氣，畢竟自己真的是在網路買的，不是從正常管道取得的。

最後，警察說，這票是真的，可以放Kit進去。

但是，警察表情嚴肅的警告他，千萬不能露出穿在裡面的紅色利物浦球衣，不能替利物浦加油，不能講任何和利物浦有關的話，不然，他們擔心Kit會有生命危險。

講完話，那警察還面無表情地拍拍Kit的肩膀說：never, never.

當Kit一臉狼狽、帶著一身冷汗走進球場時，正好比賽開始的哨音響起。他端著啤酒，被滿滿的球迷不斷地推擠著，好不容易找到位置，坐在敵隊的中間，心裡忐忑不安，卻沒想到，不安只是開始。

一個動人的故事就在眼前，
重點在你有沒有用心去生活，
或用心聽別人的生活。

比賽開始沒多久，利物浦隊進球了，他本能地站起歡呼。當他振臂的同時，忽然意識到，這整個半邊的球場，一片安靜，只有他起立，所有人的目光都集中在他身上，他可以感受到敵意如箭般已經射穿他的身體。警察剛才嚴厲的警告再現眼前，心裡一陣恐懼襲來，難道真的走不出這球場了嗎？

怎麼辦？

已經站起身的他，只好對著球場內咆哮、咒罵髒話，剛才的寂靜彷彿被他劃破，這半場的球迷咒罵聲瞬間引爆，此起彼落，他也趁著亂，緩緩坐下，平復激動且害怕的心情。

二十分鐘後，敵隊進球了，這半邊球場的球迷雀躍大叫，身旁的人們不斷擊掌歡呼，還有人從背後拉著他的肩膀搖晃慶祝，似乎因為他剛才的開罵誤以為他是死忠球迷。他一臉苦澀，露出痛苦的微笑，喝了口啤酒，發現，這酒大概是他這輩子喝過最苦的酒了。

當大家一起高唱著敵隊的戰歌時，他只能在心裡默默地唱著 *You'll never walk alone*，但是其實好 lonely 呀。

他想著，球場另一邊他真正的球隊的球迷，在他們的眼中，自己是個討厭的對手。無法和他們一起加油就算了，還被當成敵人。而在這，連卻爾西的隊歌都不會唱，還要假裝開口，在這巨大可容納數萬人的球場裡，他是個多麼孤單呀。

我想，如果這時字幕出現「給孤獨的人」，可能還挺適合一個人獨飲的咖啡品牌，應該還不賴。

或者，你想像畫面中的他，雖然在滿是人群的球場，其實心中悽冷無比。這時低頭，只能用自己的手握住自己的手，自己和自己為伴，或者說只有手套願意和他作伴，這時出現字幕「給自己溫暖，xx手套」，好像也不錯。

當然，狠一點，也可以是ESPN體育轉播頻道，文字就上「給你在現場的激動，但沒有現場的痛苦。」

無論如何，一個動人的故事就在眼前，重點在你有沒有用心去生活，或用心聽別人的生活。

2

亂世，浮生

你要談的不是他們有多可憐，

而是人生有很多種面貌，也有很多的無法掌握，

你或許現在一帆風順，

但你不能不否認世上有許多難以面對的不幸。

她愛他，儘管他罹癌。他愛她，就算她是賺喫查某。

今天我讀到的一個故事。很苦，不願解這世間況味的，就別讀了。

警方跟監，發現一魏姓女子賣淫，將她與其馬伕雙雙逮捕到案。兩人在警局被依妨害風化與社維法移送法辦時，仍哭哭啼啼難分難捨。警方問筆錄時才知道，女子因該男罹癌，需要大筆醫藥費，因此常指名該張姓男子載送。男子原為計程車司機，但在罹患大腸癌第三期後，無法久坐難以長時間跑車維持生計，魏女偶然得知，便在每次應召時都指定張男載送，兩人日久生情，更成為男女朋友交往，相戀已一年多。

張說，女友每次出外接客，他心裡十分難受，但自己實在無法賺錢，只能如此下去。但張男因為「隱藏技術」不佳，自去年五月以來，已被警方連續查獲三次。

警方更發現，與魏姓女子進行性交易的方性男子為證券交易員，因妻子子宮肌瘤，無法正常房事，故以五千元代價解決生理需求，沒想到竟遭警方查獲。

我看完，很難過。

我想，我們很幸福地談著戀愛，在關係裡追求、爭吵、難過，但其中並沒有從這世界來的許多苦難，我們總是只在乎自己的感受，在意對方的眼神，甚至只是些微不足道的話語，都能觸動我們易感且易發作的神經。

我們是幸福的。

有時候，幸福很難

可以為想吃哪家餐廳而口角，也可以為哪部電影值得一看拌嘴，更能為這星期想買什麼樣的東西而爭執。當然更多時候，我們為工作上客戶的無禮話語生氣，為同事推諉塞責憤怒，為別人帶給我們的負面情緒，在更多時間鬧更多情緒。

我看到的是自己沒有充分的領略快樂，充分的數算幸福。

一個女人，若不是被世界逼急了，不會去賺皮肉錢。

一個男人，要不是被世界對付到極點，更不會忍受自己的女人，去賺皮肉錢。

他們的煩惱又是怎樣的呢？是癌症的痛苦嗎？還是死亡的近身，或者純粹只想得到這個月的醫藥費和房租。或者，只是希望在倒數的日子裡，讓彼此在彼此之中相依。

我不認為他們沒有想要努力工作，事實上他們兩位也努力工作了，但就是不夠專業，所以被警方抓到那麼多次，也不夠世故，不願意用世界認同的方法打交道，更不夠聰明，才會一直在同樣的地方工作。

更可能，他們沒有社會所認同的工作技能，所以從事這樣的工作。

我不會想替他們辯駁，我只是想說，他們沒有傷害這世上的人們，沒有人因為他們的行為而受害，沒有人因為他們而房子被拆，也沒有人因為他們而私密被傳遍，也沒有任何公共設施因為他們而被偷工減料。

他們拿到了五千元，但他們身上的傷，不只五千處。

那，那位花錢消費的先生呢，不也像是這場戲裡，奇妙的存在。一個該死的嫖客，但他確實付了錢啊，他辛辛苦苦上班，幫大戶們下單，苦惱著這個月的業績，苦惱著妻子的苦惱，苦惱到掏出辛苦存下，在房貸與車貸之間緩緩累積的零用錢來，想要解決自己和妻的苦惱。

當然不應該呀，但怎麼那麼無奈，還被警察抓到了，回家不就有更大的苦惱。

這故事裡的三個人做的事，都不對，都不足取，但我怎樣都能嗅聞到那些濃烈的善意和諒解，甚至我覺得幾乎可稱之為愛情的東西。儘管他們是那麼赤裸，那麼低下，但我想說的是，儘管，不願意這世界是「笑貧不笑娼」，但這樣的「娼」，我們總不該笑吧？

或許，更可笑的是，那沸沸揚揚舉國矚目，未被經濟或病痛逼迫，卻同樣從事性行為，並連錢也沒給的時尚名人們。

去，到底哪裡時尚了？

認真過你的每一天

在亂世裡，我們要認真過生活。

如果，你把這個故事變成是個保險廣告呢？你要談的不是他們有多可憐，而是人生有很多種面貌，也有很多的無法掌握，你或許現在一帆風順，但你不能不否認世上有許多難以面對的不幸。

這當然也可以是個全民健保的廣告。當有民眾問說，我們的保費花到哪裡去了？你可以不必空泛的說明我們都在幫助弱勢。健保的觀念就是健康的人幫助正在生病的人，生活順利的人幫助正在受苦的人，這故事，不就可以拿來讓人們知道自己雖然每個月繳健保費，都沒看病，覺得很浪費，但是就像任何宗教提醒你要行善事，你在保障自己健康的同時，也做了善事。

這故事，可不可以談性工作者的權利？

我不贊成娼妓合法化，但是主張贊成的一方，當然也可以藉由這個故事，來強化自己主張的合理性。會從事性工作的人，不管有沒有苦衷，但這算是他們表達對自己身體自主性的方式，如果，有的人靠勞力搬板模賺錢，當他們被錢逼著了，為什麼他們不可以靠身體賺錢？

再說一次，我並沒有支持娼妓合法化，但是，故事真的可以幫助我們表達自己的主張。

當然，這故事也可以拿來談，高酒精飲料，為什麼威士忌都得標榜成功？難道不能來談些人世間的物事，那些因著你的歷練和滄桑，因此看得清楚的世界模樣？

或者，我們也可以來談信仰，當世界如此紛亂，不如人意，想在一起的無法在一起，那我們可不可以在信仰裡，合而為一。因為信仰，在世界的兩端但精神團聚，甚至，當分隔在不同世界，仍有盼望，仍期待再相會？

你不是非得講讓人舒服的故事，因為這世界並不是太舒服，但你應該啟發人，因為那讓人，稍稍釋懷。

3

「啊，剛才那是誰？」

「冬天的最後一天，

也可能是，人生的最後一天。

我只記得我什麼都不記得。

但希望別人記得我。」

我想著，在他們其中，是不是其實也各自、並不清楚剛對話寒暄的對象是誰？

我再次陪伴母親前來看診，這裡是台南成大醫院失智症門診外的等候區，清爽的白色牆壁，淡綠色制式化的塑膠椅，來自四方不同的人們，有著一樣略帶困惑但喜樂的臉龐，人們互相點頭致意，充滿善意，禮節揖讓，就像是傳說中的禮儀之邦。

在如冬日早晨的迷霧困惑中，對方的面目在霧中若隱若現。在那短暫交會，來不及問身旁老伴對方是誰，只能勉強露齒而笑，試著用最誠懇的笑容，避免對方察覺自己的不清楚。儘管，對方也是處在迷霧中，兩人彷彿各在一座遙遠山頭上，舉目遠望彼方雲霧間若隱若現的面容，輕輕呼喚，避免提及姓名的喊著「你好」，或許和幼時鄰居的身影疊合也未必呢？

或許，老伴也回答了對方的名姓，但不知為何，那名字竟毫無印象，一如今晨在報紙上看到的總統姓名一樣陌生，但無妨，一樣是個陌生但帶微笑的傢伙。

但那心裡的善意，就跟他們的不清楚一樣，清楚無比。

在我眼中，那笑容不單比商場上虛假無內容的客套寒暄來得美好，更或許是，一期一會。

大家年紀都長了，下次能不能見到很難講。

但清楚的是，見不到的原因可能很多種，但絕不會是對方康復了。

我一邊喝著手上的咖啡，一邊想著，我喝咖啡是為了提神，讓自己可以在熬夜過後早起，仍能保持清醒陪伴母親來醫院，但我到底因為這咖啡清楚了什麼呢？在五里霧中的老者，是不是也想要來杯溫熱的咖啡？在流過喉嚨的同時，想起對方難解的面容，竟是多年躲避未見的債主，亦或是初中時曾經為同名女子爭奪嫌隙的好友？

「清楚，有時好。有時。不如不清楚。

但至少你可以清楚，看清楚美。」

你可以拿來談老花眼鏡，讓商品的平淡無奇的產品力，因為你的詮釋多了人性的溫度。

「冬天的最後一天，

也可能是，人生的最後一天。

我只記得我什麼都不記得。

但希望別人記得我。」

故事的結尾，你或許可以上這樣的文字，談生命事業，談喪葬業。

說不定，也可以來談器官捐贈，也許你會記不得自己，但別人會記住你，你的好，你的愛。

祝福你成為別人的祝福

以這為這書的終章，並不哀傷，我謝謝我的父母帶給我的人生，經歷家人肝癌、失智、中風還有伴隨而來的許多次病危通知，但「患難生忍耐，忍耐生老練，老練生盼望，盼望必不致羞恥，因為神的愛藉聖靈澆灌在我們心中。」他們一直在用生命為我們上課，雖然我一直學得不夠好。

我想，真正哀傷的是，你從未想過真正重要的事，不曾留下值得述說的故事，不曾為別人著想。祝福我們彼此，都成為別人美好故事裡的小角色，更祝福你成為別人的祝福。

國家圖書館出版品預行編目(CIP)資料

願故事力與你同在
盧建彰著. -- 第一版. -- 台北市 : 遠見天下文化, 2015.07
面；　公分. -- (工作生活 ; BWL036)

ISBN 978-986-320-784-9 (平裝)

1.廣告創意 2.說故事

497.5　　　　104012237

工作生活　BWL036A

願故事力與你同在

作者 — 盧建彰 Kurt Lu
照片／影音提供 — 盧建彰 Kurt Lu

總編輯 — 吳佩穎
責任編輯 — 盧宜穗
美術設計 — 江儀玲

出版者 — 遠見天下文化出版股份有限公司
創辦人 — 高希均、王力行
遠見・天下文化・事業群 董事長 — 高希均
事業群發行人／CEO — 王力行
天下文化社長 — 林天來
天下文化總經理 — 林芳燕
國際事務開發部兼版權中心總監 — 潘欣
法律顧問 — 理律法律事務所陳長文律師
著作權顧問 — 魏啟翔律師
地址 — 台北市 104 松江路 93 巷 1 號 2 樓

讀者服務專線 — 02-2662-0012 ｜ 傳真 — 02-2662-0007, 02-2662-0009
電子郵件信箱 — cwpc@cwgv.com.tw
直接郵撥帳號 — 1326703-6 號　遠見天下文化出版股份有限公司

電腦排版 — 極翔企業有限公司
製版廠 — 東豪印刷事業有限公司
印刷廠 — 祥峰印刷事業有限公司
裝訂廠 — 聿成裝訂股份有限公司
登記證 — 局版台業字第 2517 號
總經銷 — 大和書報圖書股份有限公司　電話／(02)8990-2588

出版日期 — 2020 年 11 月 15 日第二版第 3 次印行

定價 — NT$380

4713510945292
書號 — BWL036A
天下文化官網 — bookzone.cwgv.com.tw

天下文化

Believe in Reading